社群時代最強行銷術

提高觸及率 × 強化粉絲互動 × 精準傳遞品牌，
低成本高獲利的6大社群經營密技

ROC股份有限公司
門口妙子 ● 著

ROC股份有限公司
坂本翔 ● 監修

劉宸瑀、高詹燦 ● 譯

IKEA鯊魚（BLÅHAJ）
風靡全球的原因

引用：https://twitter.com/IKEAsame

各位是否看過這隻鯊魚玩偶呢？

這隻在瑞典家具大廠IKEA宜家家居販售的填充玩偶，曾經藉由某種方法成為**全球熱賣商品**，它的名字叫做「BLÅHAJ」，瑞典語的意思是「大青鯊」。

接下來，讓我冒昧地問問各位！

假設你是IKEA的員工。有一天，主管把銷售這隻「BLÅHAJ」玩偶的任務交付給你。

你會想出什麼樣的銷售方法呢？

「BLÅHAJ」是一隻玩偶，可以想見實際使用玩偶的人是小孩，而購買它的則是有小孩的父母。

舉一個簡單的例子，你也許可以拍一張兒童房裡放著「BLÅHAJ」當擺飾的照片，或是一張小孩子抱著玩偶的照片，然後將這樣的照片刊登在網站或宣傳手冊上。

▶ 以社群平台上掀起的熱潮為契機，躍居爆紅商品

2019年左右，這款「BLÅHAJ」鯊魚玩偶在日本掀起一股熱潮。現在它已成為IKEA的招牌商品，並成長為一款發售以來總計賣出30萬隻（截至2021年）的超熱門商品。

點燃這股熱潮的是社群網站。

當時非常流行將「BLÅHAJ」的擬人化照片上傳到社群平台，例如試著讓它穿上衣服、坐在餐桌前，或是擺放成參加公司會議的模樣。

「BLÅHAJ」乍看是一隻普通的鯊魚玩偶，但只要立起來擺放，它就會展現出一種超現實且帶有淡淡哀愁的氛圍。

這種有點無力的表情似乎抓住了很多人的心，引爆購買熱潮。

引用：https://twitter.com/IKEAsame

另外加上一隻1999日圓，價格親民容易入手，所以也有人一次帶走2、3隻，還有人熱衷於拍攝「BLÅHAJ」彷彿兄弟或家人般一起生活的照片。

▶ 契機是海外分店的社群貼文

那麼，這股「BLÅHAJ」的風潮究竟是始於什麼樣的契機呢？

據說**引發大眾熱烈討論的契機，似乎是IKEA海外分店在社群平台上傳的「BLÅHAJ」擬人照**。

隨後，除了日本以外，加拿大、吉爾吉斯、美國、波蘭等各個國家都有人上傳「BLÅHAJ」的擬人照，這些照片**在全世界大受歡迎**。

而IKEA也順應這股熱潮，不僅在社群平台上傳照片，還在實體店面展示穿著衣服、躺在床上睡覺的「BLÅHAJ」。

▶ 成為官方宣傳中不可或缺的存在

IKEA JAPAN的官方YouTube頻道中有一系列介紹「Tiny Homes」企劃的影片，由穿著西裝的「BLÅHAJ」充當一名不動產經紀人，向大眾提出「即使房間很小，也能擁有獨特又豐富的空間」的提案。

引用：摘自 IKEA JAPAN 官方 YouTube 頻道「IKEA | Tiny Homes: Teaser 2」影片片段

「BLÅHAJ」更是頻繁出現在IKEA JAPAN的宣傳影片中，可說是該公司的招牌角色。

更讓人吃驚的是，儘管在這股熱潮爆發4年後的今天，只要在Twitter或是Instagram上搜尋「IKEA鯊魚」，仍然會發現有很多人持續上傳「BLÅHAJ」的照片。

從其他使用者的發文或在IKEA店面看到「BLÅHAJ」的人，因為覺得「很有趣！」、「我也想試試看！」而跟著在社群網站上發文，這樣的連鎖效應一直持續到現在。

▶ 把使用者拉入行銷中，就有可能掀起全球熱潮

從這個案例中我們可以瞭解到，只要在社群平台上讓使用者產生「我也想加入」、「我可能也辦得到」的想法，

就算不花任何廣告費用，也能直接造成搶購風潮。

這次IKEA所做的，僅僅是**把照片上傳到社群網站而已**。然而，IKEA **用心站在瀏覽社群網站的使用者角度思考**，藉由讓使用者感受到「有趣」、「可愛」或產生親切感，才能成功塑造出風靡到這種地步的流行趨勢。

不僅是IKEA的案例，只要內容能夠引發人們**「想要嘗試的心理」**，往往都會持續且廣泛地傳播下去。

本書會全面性地介紹運用社群平台行銷宣傳的手法。社群行銷之中**暗藏著一種可能性，可以掀起如「BLÅHAJ」般的全球熱潮**。

若是讀過本書的各位讀者都能為創造下一個世代的熱賣商品做出一點貢獻，這將是我的榮幸。

目錄

第 3 章

充分運用Twitter吧！

目錄

第 6 章

充分運用TikTok吧！

卷末附錄

本書登場角色

鯊魚界首席網紅。曾因拍攝海裡的美麗珊瑚而在Instagram上爆紅。

每天早上邊搭著通勤電車邊查看Twitter趨勢的鳥,這是牠的生活意義。

經營一家健身房的兔子。正在LINE上舉辦獨創蛋白粉的宣傳活動。

嘻哈YouTuber熊。現在除了發布自己的歌以外,也在挑戰遊戲實況直播。

在TikTok上以痛快諷刺社會而出名的貓,目前計畫參演戀愛綜藝節目。

—日文版STAFF—

內頁設計　松岡羽
內頁插畫　せのおまいこ
編輯協力　戶田美紀(Excelwriting)
　　　　　增田英己子
　　　　　西岡亜希子
企劃編輯　五十嵐恭平

第 **1** 章

瞭解社群行銷的
基本概念！

這世上早已沒有
不使用社群網站的選項了！

▶ 社群平台的使用者持續增加

　　社群網站誕生於西元2000年前後。過了20多年，如今它已成為人們生活中必不可少的事物，甚至有人認為**不用社群網站就等同不存在於這個世界上**。2022年的現在，全球社群網站的使用率正不斷攀升。

　　舉例來說，請在搭電車時試著環顧四周，你會發現車上幾乎所有的人都在滑手機──想必許多人都看過這樣的場景。在這些人的手機螢幕上，多半都顯示著社群網站頁面。如同這種情景所示，日本的社群網站使用者也正逐年增加，**預計在2022年底將進一步成長到8241萬人**。

▶ 網路廣告費超越電視廣告費用

　　那麼實際上，每個人一天使用社群網站的時間大概有多長呢？

　　根據數位行銷公司Glossom的調查顯示，2021年每人每天平均使用智慧型手機的時間為136.3分鐘，其中社群網站的使用時間是77.8分鐘，亦即**每天都會在社群網站上花一小時以上的時間**。

　　而使這種現象加劇的，正是從2020年開始肆虐全球的新型冠狀病毒。受到各種防疫政策的影響，人們待在家裡的時間變長，這或許可說是智慧型手機與社群平台使用人數增加的主要原因。

　　現在的時代，人們利用社群平台蒐集資訊，在社群網站上消費購物早已是理所當然的事。日本電通在2020年3月發表的新聞稿中指出，

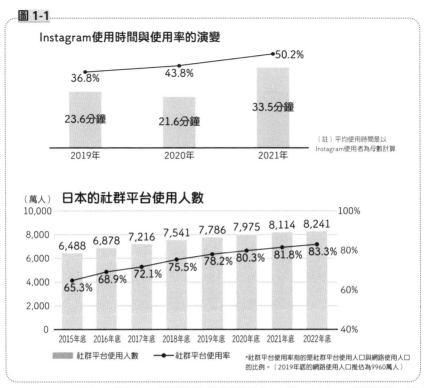

圖 1-1

Instagram使用時間與使用率的演變

50.2%

43.8%

36.8%

23.6分鐘　　　　21.6分鐘　　　　33.5分鐘

2019年　　　　　2020年　　　　　2021年

（註）平均使用時間是以Instagram使用者為母數計算

（萬人）日本的社群平台使用人數

6,488　6,878　7,216　7,541　7,786　7,975　8,114　8,241

65.3%　68.9%　72.1%　75.5%　78.2%　80.3%　81.8%　83.3%

2015年底　2016年底　2017年底　2018年底　2019年底　2020年底　2021年底　2022年底

■ 社群平台使用人數　　―●― 社群平台使用率

*社群平台使用率指的是社群平台使用人口與網路使用人口的比例。（2019年底的網路使用人口推估為9960萬人）

引用：ICT 總研《2020 年度社群平台使用趨勢調查》（https://ictr.co.jp/report/20200729.html/）

「2019年網路廣告費已超越電視媒體的廣告費用」。**對販售產品或服務的企業來說，已經沒有不使用社群網站這個選項**了。

「現代」使用者的消費行動

▶ 資訊量在過去 10 年內增長 500 倍

在過去的時代，主要的資訊來源可說是電視廣告、雜誌、報紙以及街頭看板等等。大多數人都認為從上述這些媒體獲得資訊是很理所當然的事情。

然而隨著社群網站的發展，我們周圍的世界頓時充斥著各種資訊，不僅可以從大眾媒體獲得資訊，還可以大量取得個人發布的資訊。**單就資訊量來說，過去10年之間就增加了500倍以上。**

▶ 按照在社群平台上查到的資訊採取行動

「現代」使用者會如何從社群網站上獲取資訊，相信它並採取行動呢？首先讓我們來具體瞭解一下吧。

①從與親朋好友和家人間的交流獲得資訊，進而採取行動

「我上次去的○○蛋糕店，超好吃的喔！」

「那下次有機會，我也去吃吃看吧～」

透過「LINE」或**其他社群平台的私訊（Direct Message）與親近的朋友、熟人和家人溝通時，我們會像這樣自然而然地蒐集情報。**當自己與資訊提供者的關係愈熟稔，對訊息的信任度就愈高，採取行動的可能性也愈大。

②跟隨自己在社群網站上追蹤的發文者，進而採取行動

這種方式是從那些人稱「網紅」、**在社群網站上具有影響力的使用者，或是從跟自己有相同興趣、想法的使用者的貼文中獲得資訊**。

舉例來說，一個喜歡拉麵且跑遍全國各地的拉麵店，尋訪各式各樣的拉麵並發表食記的人，他的社群帳號可信度就非常高。

「今天好想吃拉麵喔。該吃哪家比較好？」在這樣猶豫不決時，便會依據這個人的貼文來選擇店家——以這種形式來蒐集情報。愈是聚焦單一主題發表文章的社群帳號，就愈容易養出一批粉絲，產生影響力。

③從社群網站的推薦功能獲得資訊，進而採取行動

各大社群平台都有一個機制是根據每位使用者的瀏覽紀錄，提供個人化推薦內容。這也讓使用者有更多機會從喜好相符的其他帳號或產品服務的廣告等來源獲取資訊。

綜合以上所述，現代消費者對社群網站上的資訊做出取捨並採取行動的情況正逐年增加。這種趨勢今後應該也會持續下去。

1-3 大多數使用者都有洞察真相的能力

▶ 使用者很容易識破「假話」

在對社群網站上鋪天蓋地的資訊做出取捨的過程中，**人們會在下意識學會判斷資訊真偽以及內容是否對自己有益的能力。**

例如一名「網紅」是不是真的愛用自己口口聲聲說「我一直都超愛用！」而介紹的化妝品，或者這只是收了錢的廣告宣傳之類。消費者在取得資訊後，會稍微停下來思考一下再採取行動。

各位在瀏覽社群平台的發文或廣告時，不是也會在瞬間準確地區分出「需要花時間閱讀的內容」與「可跳過不看的內容」嗎？**使用社群網站的頻率愈高，接觸各種資訊的機會就愈多，自然能從中培養出分辨真偽的能力。**

▶ 運用「UGC」取得使用者的信賴

而在這之中，最關鍵的就是「UGC」。**所謂的「UGC」是「User Generated Contents」的縮寫，意指「一般使用者創作的內容」。**

企業所發布的貼文和廣告，大多都不會被數位素養高的使用者看到。企業想傳達給大眾的內容未必是使用者想要的資訊，有時甚至可能令人反感。好不容易在社群平台上發了文，若被埋沒在資訊的汪洋中，那就沒有意義了。

相反地，**自己的親朋好友在社群網站上的貼文往往具有很高的可信度，能夠確實被人看見。**由「UGC」發布資訊的宣傳方式就是在利用這

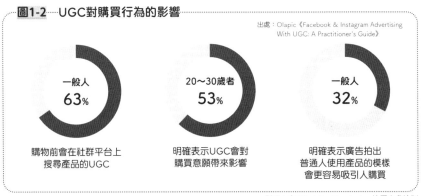

圖1-2 UGC對購買行為的影響

出處：Olapic《Facebook & Instagram Advertising With UGC: A Practitioner's Guide》

一般人
63%

購物前會在社群平台上
搜尋產品的UGC

20～30歲者
53%

明確表示UGC會對
購買意願帶來影響

一般人
32%

明確表示廣告拍出
普通人使用產品的模樣
會更容易吸引人購買

引用：由Allied Architects, Inc.按原出處繪製

一點。

近年來也有愈來愈多的案例是企業支付報酬給Instagram網紅，委請他們在體驗產品或服務後，撰寫業配文來宣傳其魅力或發布相關資訊。

藉由網紅創造「UGC」也是一種很有效的方法，不過請一定要想出一套適合自家公司的「UGC」行銷策略，例如舉辦在個人社群公開發文的攝影比賽等線上活動，或是在實體店鋪贈送小禮物給發文宣傳的顧客等等。

圖1-3 以UGC為目的的貼文

19

1-4 新冠疫情使社群平台的影響力 進一步擴大

▶ 防疫宅在家讓社群平台更貼近我們的生活

新型冠狀病毒自2020年開始席捲全球，世界形勢也發生了巨變。人們待在家裡的時間變長，**大幅改變過往的生活方式，這必然會導致接觸網路和和社群網站的時間增加**。事實上，Meta公司（原Facebook公司）便表示，其平台用戶的使用時間也因疫情的影響而增加。

▶ 線上交流已成常態

讓我們來看看在政府呼籲避免不必要的外出移動或緊急戒備之後，以及解除防疫限制後，社群平台的使用情況發生了什麼樣的具體變化。

首先是**線上會議工具的普及**。特別是隨著Zoom突飛猛進的發展，線上會議不斷增加，即使是以前從未參加過網路會議的人，也開始自然而然地使用Zoom。

除了工作會議之外，像是用Zoom在線上喝酒聚餐或聯誼的**嶄新交流方式大為流行，將這些線上聚餐的影像上傳到社群網站的人也愈來愈多**。此外，還有許多企業在社群網站上分享原創的Zoom虛擬背景。

Instagram也為使用者製作了一款名為「Stay Home」的限時動態官方貼紙，有很多人藉此上傳自己在家裡生活的模樣。「＃宅～」以及「＃窩在家做～」的主題標籤在日本大受歡迎，人們用Instagram限時動態接力發文，形成新的熱門話題。

另外，YouTube不只影片觀看人數和觀看時間增加，就連創作者的

數量都一口氣暴增，日本國內的使用者人數也飛快增長。有很多使用者不只透過手機或電腦來看YouTube，還會投放到電視螢幕上觀賞，現在YouTube正不斷改變電視節目的型態。

此外，各種音樂節和現場表演活動被迫取消，作為替代方案而誕生的「線上直播」也成為與新冠病毒共存的時代的全新消遣。

▶ 觸及消費者的兩大方法

綜合以上所述，使用者的生活習慣從2020年開始隨著新冠疫情擴散而有所改變，這時企業該如何藉由社群平台來接觸消費者呢？關鍵在於以下2點：

①過程經濟

全世界的人皆因新冠疫情遭遇各式各樣的影響。在這種每個人的生活都很辛苦的狀況下，為了經營事業而奮鬥、挑戰新的嘗試，為失敗而氣餒，或為成功而歡欣鼓舞的模樣，應該會引起很多人的共鳴。**把企劃和製作過程在社群網站上公開，會讓使用者感覺自己也是製作團隊的一分子。**

舉例來說，假設有一家受新冠疫情影響而瀕臨倒閉的溫泉旅館，正設法透過附設三溫暖設施來挽救生意。一般來說，通常是在設施完工以後，才會將改建的消息刊登在官網、社群平台或是報紙廣告上。但若能把旅館所面對的艱難處境、提出企劃案的經緯，一直到設施完成為止的「過程」都即時公開在社群網站上。這麼一來，看到這段過程並為其加油的「追蹤者」，最後就會因為深知改建完成前的悲喜歷程，而變成光顧該設施的「粉絲」。

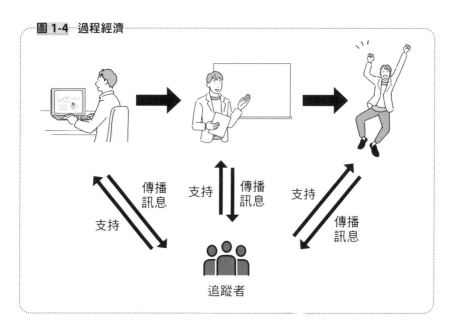

圖 1-4　過程經濟

傳播訊息／支持

支持／傳播訊息

支持／傳播訊息

追蹤者

　　透過上述這種方式共享過程，並將其轉化為收益的做法稱為**「過程經濟」**。

②線上直播

　　如前所述，各式平台紛紛推出直播功能，使用直播功能的人，包括直播主和觀眾在內都有所增加。

　　Instagram推出可在直播時添加商品標籤的功能，讓消費者可以藉由點擊直播中提到的商品，查看商品介紹頁面或直接下單購買。

　　除此之外，也有愈來愈多直播軟體提供「贊助」功能，讓追蹤者可以直接「付錢資助」直播主或直播內容。直播主持人俗稱「直播主」，收入多的人甚至每個月可以賺到1000萬日圓以上。

　　在觀眾收視群體分散的情況下，能否做出吸引收視人口的企劃這點自不待言，更重要的是能否利用念出觀眾留言等方式抓住使用者的心，

或是在直播中採取對策以避免使用者離開直播間。

上述2點的共通之處在於「如何促使使用者參與其中」。

社群網站並非單向傳播的工具。企業要藉由雙方的交流來讓使用者記住自己，從而喚醒對方的購買欲望。

在可以免費註冊，而且使用人數不斷擴增的情況下，可以說不管任何行業，都必須站在「促使使用者參與其中」的角度來善用社群平台。

1-5　將使用社群平台的目的明確化！

▶ 一個帳號以設定一個目標族群為基本

　　一旦決定開始經營社群平台，**首先得訂出這個帳號的經營對象與目的**。必須清楚列出打算讓「誰」看到這個帳號的貼文，以及希望他們看到之後採取哪些「行動」。

　　當使用者造訪你的帳號時，如果無法讓他們覺得「這個帳號的貼文是為我量身打造的」，他們就不會加以追蹤。因此，一開始必須先鎖定發文對象，然後為這群人（目標受眾）發布文章。

　　常見的情況是單一帳號的內容過於繁雜，讓人不知道到底想向誰傳達什麼。**一個帳號如果有好幾個不同的目標受眾，發文內容的屬性就會變得曖昧不清。**

　　要是商品或服務分成很多不同種類的話，最好考慮將帳號按照類別分開個別經營。請盡可能以**「一個帳號設定一個目標受眾」**的概念來進行運作。

試著具體想像一下
想要把訊息傳達給什麼樣的人吧！

▶ 把「顧客樣貌」具體化

在設定目標受眾的時候，請試著在腦海中想像一下「理想中的顧客形象」。

讓我們按照下列項目進行具體的設定吧。

> 年齡、性別、出生地、居住地、家庭成員、
> 職業、收入、生活行為模式

明確設立目標受眾，可以讓我們在每天發布的文章風格、該不該加上表情符號、圖片所使用的顏色和字體、廣告投放的設定等各方面的運用，都能一致。

要以「設定的目標受眾會有什麼感覺」為基準來判斷，而不是自己的喜好。

圖 1-5 將目標受眾的形象具體化

▶ 明確設定「運作的目的」

你希望透過社群帳號促使設定的目標族群採取怎樣的「行動」，就必須先決定好運作的目的。

> ○ 提升目標受眾對公司或商品的認知
>
> ○ 引導目標受眾前往電子商務平台
>
> ○ 口碑評論的產生與傳播
>
> ○ 為實體店招攬顧客
>
> ○ 為活動招攬顧客
>
> ○ 招聘員工
>
> ○ 加入LINE、訂閱電子報

諸如上述，有各種不同的目的。想提升大眾對品牌的認知，就必須增加追蹤人數或互動率；而要將目標受眾引導到電子商務平台，自然得要有清楚的導引動線設計，同時還需要有指引對方按照動線前進的創造力。在為實體店或活動招攬顧客時，必須透過社群帳號向使用者傳達只有親臨現場才能感受到的魅力。

針對各種不同的目的，**第一步就是要設定明確的目標，並清楚訂出每個月應該達到多少數值才適當**。如此一來，便能知道每天的營運是否正確，有沒有需要改善的地方。如果沒有明確的目的和目標值便貿然展開帳號的經營，就無法驗證成果，也無法注意到需要改進的地方。

▶ 訂定 KGI 和 KPI 後，一邊經營帳號一邊測試成效

設立**最終目標（KGI）**和實現目標之前的**中期目標（KPI）**，然後

在邁向目標的同時，隨時修正軌道。

　　避免不規律的更新頻率，最好盡量維持一定的發文頻率，例如一天一次、一週3次等等，這樣不但能防止粉絲流失，同時也會被社群平台認定為活躍帳號，進而獲得曝光機會（被顯示在推薦欄位上）。

　　由於貼文的內容基本上都是文字或是圖片，因此也要在創意上下功夫。每天都發同樣的文章會令人厭倦，也不會讓人想要追蹤關注。**請意識到自己設定的目標受眾，並研究那些人會喜歡什麼樣的發文內容吧。**

　　我不建議在一開始的時候勉強自己。例如把發文變成一項義務，設定「每天都要發一篇文章」的目標，這樣會讓自己逐漸對經營社群感到疲憊，結果有很多案例經營到一半就不再發文了。可以的話，一開始先蒐集一定數量（5～10次發文／2週～1個月的內容）的素材來產製文章或圖片，然後在發文的同時準備製作接下來的內容，這樣就不必勉強自己，得以按照自己的節奏長期經營。

短期內很難有立竿見影的效果！
持續經營的祕訣是享受這個過程！

你該使用哪個社群平台？

▶ **在掌握特色差異的基礎上，選擇最適合自己的平台**

社群網站各有各的強項與弱項。

若說到在文字訊息傳播方面具有優勢的社群平台，自然非Twitter莫屬。字數限制140個字的「微網誌」用起來很簡便，所以也具有資訊傳播力高、可即時追蹤話題的特點。

Instagram最初是一個專門用來分享照片的社群網站。使用者可以上傳各種「精彩動人」的照片，像是美麗的景色、吸引人的物品擺飾、看起來很好吃的料理等等。此外，最近Instagram也增加了短影音與購物等功能，而把有文字的圖片做成雜誌風排版的功能更是大受歡迎，Instagram已逐漸發展成一個使用方便且豐富多樣的社群平台。

在影片方面，雖然YouTube長期位居霸主地位，不過上傳10～30秒左右短影音的TikTok（抖音）正迅速普及。其特色在於投稿方式簡單，而且使用者還可以在短時間內觀賞到大量的內容。

就算現在是社群網站當道的時代，實際上也很難魚與熊掌兼得。培養一個社群平台帳號也需要時間，因此同時經營好幾個不同的媒體會耗費大量的資源。**而且根據所訂定的目標受眾或經營目的不同，可有效發展的社群平台也各異。**這裡我們就來瞭解一下，你該使用的社群平台是哪一個吧。

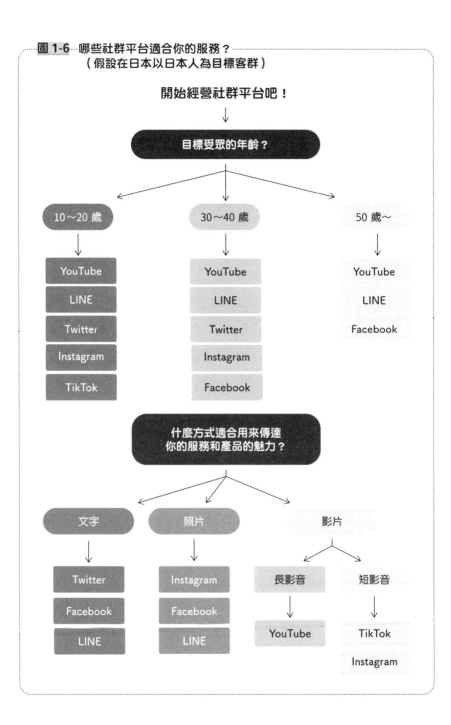

圖 1-6 哪些社群平台適合你的服務？
（假設在日本以日本人為目標客群）

開始經營社群平台吧！

目標受眾的年齡？

10～20 歲	30～40 歲	50 歲～
YouTube	YouTube	YouTube
LINE	LINE	LINE
Twitter	Twitter	Facebook
Instagram	Instagram	
TikTok	Facebook	

什麼方式適合用來傳達
你的服務和產品的魅力？

文字	照片	影片
Twitter	Instagram	
Facebook	Facebook	
LINE	LINE	

影片
長影音 → YouTube
短影音 → TikTok / Instagram

1-7　各社群平台的優勢

▶ 先瞭解各社群平台的特點

　　這一節將介紹書中五大社群網站（Instagram、Twitter、LINE、YouTube、TikTok）個別的特色。幾乎所有的社群平台都能夠發布文字、圖片與影片，也可以刊登商品或品牌的廣告，還有內建分析貼文內容與帳號狀態的功能。

　　然而在使用族群、傳播力、功能等方面，各個社群平台之間存在若干差異，因此應該考量每個平台的特點，找出切合自身經營目的的平台加以運用。

▶ 從以「吸睛」為主的發文到多樣化的功能（Instagram）

　　Instagram原本是一個專為年輕人設計的社群網站，主要是用來分享重視視覺效果的「吸睛」照片。不過近年來，以投影片的形式發布教養或商業等相關資訊，或是像雜誌一樣結合文字與照片的貼文類型相當受歡迎，而且也**被廣泛的使用者所接受**。

　　Instagram的營運公司與Facebook一樣是Meta公司（原Facebook公司），所以也很容易和Facebook、Twitter等其他社群網站連結使用。最近Instagram有許多豐富的功能，例如像TikTok一樣可分享短影音的「連續短片（Reels）」、可進行直播的「Instagram Live」，以及引導使用者到電商網站的「Shop Now」等等，其用戶數也不斷攀升。或許Instagram可說是目前**使用最廣泛的社群平台**之一。

【歷年】主要社群媒體服務／手機應用程式等的使用率（全年齡層）

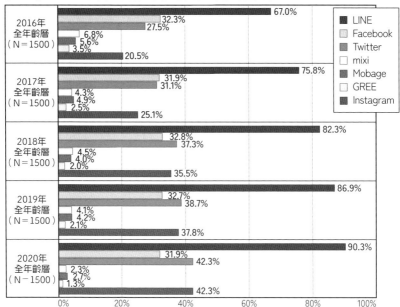

【2020年度】主要社群媒體服務／手機應用程式等的使用率（全年齡層・各年齡別）

	全年齡層 (N=1500)	10~19歲 (N=142)	20~29歲 (N=213)	30~39歲 (N=250)	40~49歲 (N=326)	50~59歲 (N=287)	60~69歲 (N=282)	男性 (N=759)	女性 (N=741)
LINE	90.3%	93.7%	97.7%	95.6%	96.6%	85.4%	76.2%	88.0%	92.7%
Twitter	42.3%	67.6%	79.8%	48.4%	38.0%	29.6%	13.5%	42.7%	41.8%
Facebook	31.9%	19.0%	33.8%	48.0%	39.0%	26.8%	19.9%	32.4%	31.4%
Instagram	42.3%	69.0%	68.1%	55.6%	38.7%	30.3%	13.8%	35.3%	49.4%
mixi	2.3%	2.1%	3.8%	3.6%	3.4%	0.7%	0.4%	2.2%	2.3%
GREE	1.3%	2.1%	4.2%	1.2%	0.6%	1.0%	0.0%	1.8%	0.8%
Mobage	2.7%	4.9%	6.6%	2.4%	0.9%	2.4%	1.4%	3.8%	1.6%
Snapchat	1.5%	4.9%	5.6%	0.4%	0.3%	0.3%	0.4%	1.1%	2.0%
TikTok	17.3%	57.7%	28.6%	16.0%	11.7%	7.7%	6.0%	15.3%	19.4%
YouTube	85.2%	96.5%	97.2%	94.0%	92.0%	81.2%	58.9%	87.9%	82.5%
niconico動畫	14.5%	26.8%	28.2%	14.8%	12.0%	7.7%	7.8%	17.9%	11.1%

根據日本總務省情報通信政策研究所《2020年度資訊通訊媒體使用時間與資訊行為相關調查報告書》編製而成

▶ 資訊傳遞速度和傳播力具壓倒性優勢（Twitter）

Twitter限制每一篇發文的字數為140個字。因為只能發布簡潔的文章，所以發文門檻比其他社群平台低是一大特徵。即時性高，因此是一個**很適合用來掌握新聞或流行趨勢的社群網站**。

全世界的人都會用「推文」發布近況，所以時間軸上多半充斥著龐大資訊，不過可用「主題標籤」搜尋特定資訊，也有「轉推」功能可簡單引用其他使用者發布的推文，因此具有能方便取得所需資訊的優勢。

▶ 日本國內使用者人數居冠！商業運用也很活躍（LINE）

與其他社群平台不同，LINE基本上都是在封閉的環境當中交流資訊。像朋友之間談天說地或工作上的業務聯繫等，在作為聊天工具的層面上，LINE的功能可說十分強大。

另外，以一個個人取向的平台來說，LINE具有豐富多樣的功能，例如可以向追蹤者發布短影音的「LINE VOOM」，或是能讓人享受創作內容的「LINE Manga（譯註：台灣版已於2020年10月底結束服務）」、「LINE MUSIC」等等。

在商業往來方面則是使用「LINE官方帳號」。如同電子報般，這種官方帳號可以將資訊直接傳遞給用戶，所以不會像其他社群網站一樣任由貼文被動態消息所埋沒。此外，LINE還有發行優惠券和集點卡的功能，**針對企業設計的服務意外地充實**。

▶ 以影音視聽網站來說，全世界最著名的社群平台（YouTube）

YouTube使用者的年齡層很廣，從年輕人到中老年人都有。創作者

可以建立自己的「頻道」，上傳影片或進行線上直播。**YouTube上充滿豐富多樣的內容，從娛樂到商業應有盡有。**

在作為商業用途使用時，適合規劃一些介紹產品使用步驟的影片，或是用簡單易懂的方式解說專業知識或實用技術之類的內容。只不過跟文字或圖片比起來，使用者在瀏覽影片內容時會消耗更多的精力。而且YouTube的內容創作早已飽和，市場趨於紅海，進入門檻很高。將其用於商業時，建議可以考慮在YouTube上投放廣告。

▶ 目前最火紅的短影音社群平台（TikTok）

TikTok是由中國字節跳動（ByteDance）公司所經營，最近幾年使用者人數暴增的社群網站。雖然Instagram的「連續短片（Reels）」與YouTube的「短片（Shorts）」都具有類似的功能，不過TikTok最大的特色是：它是可以發布15秒左右（最長3分鐘）短影片的短影音社群平台。

TikTok的特徵是，年輕族群的使用率高於其他社群網站，而就算關注者很少，但它的演算法也相對容易能讓影片「快速擴散」，因此有望未來能在商業上加以運用。這個平台親和力較高，很適合舉辦與知名網紅合作的行銷活動。

1-8 只要掌握「短影音」，
任何社群平台任你活用

▶ 最近幾年短片備受矚目

從2018年開始，以TikTok為首，Instagram的連續短片與限時動態、YouTube短片、LINE VOOM等<u>可以發布短影音的社群網站一下子增加許多</u>。只要製作一支長度30秒以內的影片，就能把同一支影片發布到各種不同的平台上。

影片製作門檻乍看之下似乎很高，但其實有很多手機應用程式便能進行簡單的加工和編輯，而且就算是利用各社群網站上內建的影片後製功能，也足以剪輯出一段影片（後面會向各位介紹我所推薦的一些後製軟體）。

<u>首先，重點是要熟悉拍攝，養成發文的習慣。</u>拍攝的部分使用智慧型手機就足夠。請試著拍出令人心動的風景、工作中的小小瞬間等等，從日常生活中的簡單影片開始吧。

▶ 以創作出使用者會喜歡的內容為前提

影片也是一種觀者很容易中途離開的創作形式，所以想讓人看到最後，關鍵在於能否在最初的3秒抓住對方的心。

如果只是單方面傳達企業品牌或服務價值的影片，最終也只是自我滿足罷了，以自我考量為出發點的內容反而可能有損形象。千萬不能小看使用者雪亮的眼睛。

不要為一段短片設定多個目的，而是要專注在你想表達的一件事情

圖 1-8 Instagram限時動態

圖 1-9 TikTok上的投稿

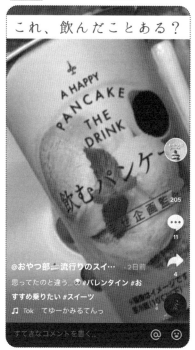

上，並盡可能在影片的一開頭傳達出清楚的訊息。另外，在包含短片在內的內容中加入吐槽點，對於經營社群也很有幫助。請以製作出令人忍不住想看到最後的影片為目標。

成功經營社群平台的關鍵在於「調查研究」

▶ 透過觀察其他社群帳號，學習成功與失敗的經驗

「我該怎麼做才能讓更多人看到貼文？」

「發布什麼樣的內容才能吸引顧客？」

「完全想不到發文題材……」

在經營社群平台的過程中會出現很多瓶頸。成功經營社群的關鍵在於：**自己要以社群網站使用者的身分，大量閱讀其他帳號的發文**。尤其要找同業公司，或是跟自己經營的社群類型相似的帳號，看一看它們是如何經營操作的。如果當中有經營成功的帳號，應該可以從中得到很多啟發。

▶ 不可忘記身為一名使用者的視角

首先，盡量把與自己（自家公司）的商品或服務相關的關鍵字全部列出來，然後試著搜尋這些關鍵字或主題標籤。

雖然需要仔細觀察的重點會隨商品或服務的不同而異，但**重點在於「要以一名使用者的角度去看」**。尤其在商業帳號的經營上，發表內容往往是商品或服務的說明，容易帶有強烈的宣傳色彩。如果你是一名使用者的話，當你看到帶有強烈宣傳色彩的貼文或頁面時，還會「想看更多」、「想多加關注」嗎？抱持客觀的看法，從第三者的角度觀看貼文內容非常重要。

從這層意義上來說，平時就要站在接收方的角度善用社群網站，而不是僅僅只是站在傳達資訊的一方。

▶ 串連各個社群平台傳播訊息

現代社群網站的種類十分豐富多樣。例如Instagram、Twitter、YouTube、TikTok、Facebook等等，千萬不要以一種事不關己的態度去看待它們。

因為社群平台本身及其內容的流行都會變化，所以很難預測哪一個社群網站什麼時候會受歡迎，或是什麼樣的發文會快速擴散。由於每個社群平台都有分享他人文章或外部連結的功能，因此**不同平台之間分享的資訊也會傳播開來**。

雖然沒必要將所有社群網站盡收囊中，但平常就應該一邊思考，一邊以客觀的角度進行研究，看看對於自己的商品或服務來說，在哪一個社群平台發文更容易被轉發或引起討論。

寫一些能讓看到的人感覺很親切的貼文內容吧！

經營社群平台最大的精髓是與使用者交流對話

▶ 能與使用者水平溝通

使用社群平台最大的精髓，在於能和企業商家等發文者**站在同一平台，並進行雙向溝通**。使用者會因彼此在社群網站上的交流而產生親近感，逐漸變成粉絲。

至於社群網站上的交流，主要就是留言和私訊。有禮貌地一一回覆留言，主動對關注自己的使用者按讚或留言等等，持續透過這些小互動累積信任。

另外，雖然回覆自己公司貼文下方的留言是理所當然的事，但對於搜尋自己公司名稱或產品名稱時發現的使用者貼文（UGC），要進行轉推或以附帶留言的方式轉發到限時動態，**像這樣由發文者積極採取行動是很重要的。社群平台上的交流對話也是內容的一種。切記不可單向發布資訊，而是要做到雙向的溝通。**

▶ 經營社群平台的負擔意外地大

頻繁登入社群網站確認並採取行動是一件相當辛苦的事，如果是商業帳號的話，建議不要由單一員工負責社群帳號的管理，而是組成多人團隊來分擔工作，建立能夠分散工時的體制。除此之外，市場上也有很多專門的社群行銷公司，試著委託這類公司處理或許也是一種選擇。

▶ 用現下流行的直播抓住使用者的心

現在遠端工作已十分普及，整個社會都已逐漸習慣人與人之間透過網路來聯繫。現在在社群網站上互動的門檻也比以前來得低，在社群經營上活用Instagram直播或YouTube直播等直播功能來增加粉絲，是很有效的。

一般來說，人聽到聲音會比看見文章感覺更親切，實際見到對方會比聽到聲音更令人倍感親近。使用者也很樂意與企業社群平台的「帳號經營者」有所交流。只要持續進行直播，在直播過程中留言的人就會一點一點地增加。

如前所述，透過直播中的留言互動會**比平常在貼文留言中的互動更即時也更直接，所以對方成為粉絲的可能性也很高。**

請在各大社群網站上積極與使用者對話，透過持續經營以實現當初設定的目的。

網紅策略與宣傳大使策略

　　最近幾年，「網紅」一詞廣泛流傳，我們可以在各種場合聽到這個詞彙。所謂的網紅，指的是社群帳號的追蹤人數很多，本身具資訊傳播力的人。**委託網紅撰寫文章宣傳自己公司的產品或服務，便能直接增加帳號的追蹤人數，或是提升產品的銷售額。**

　　只不過請網紅發業配文的做法，雖然能在瞬間看到成效，卻很難取得持續性的成果。而且要找到粉絲群屬性與自己公司的產品或服務的客群完全一致的網紅也很困難，所以一般都會對準新商品上市的特別時機推出。

　　另一方面，我強力建議使用的策略則是**宣傳大使策略**。雖然大家對於「宣傳大使」一詞的解釋各有不同，不過以我個人來說，所謂的宣傳大使策略就是「不依賴網紅的粉絲追蹤人數，而是由產品和服務的粉絲來發文宣傳」。

　　畢竟委託網紅必須支付報酬，而且要由自己主動提出邀約，所以在傳播訊息方面處於較被動的地位。**但宣傳大使是委請原本就充滿熱情的粉絲擔任，所以宣傳大使與委託人是站在同一陣線，能夠自發且積極地發文以炒熱活動。**

　　這樣的人說出來的話會很有說服力。請務必將宣傳大使視為經營策略的選項加以檢討，安排3～12個月的長期委託，讓雙方攜手促進社群帳號的活躍。

第 **2** 章

充分運用
Instagram 吧！

Instagram 的現況

▶ 使用人數仍在持續攀升

Instagram也是現在大幅成長的社群網站之一。

經營Instagram的Meta公司曾公開官方數據,**2019年日本國內的用戶數已超越3300萬人**。截至2022年1月為止,也有部分報導指出其使用者已超過4800萬人(在我撰寫本書的當下,官方資料是3300萬人)。

除此之外,Instagram的應用程式在日本國內的活躍率(在一定期間內,使用應用程式或網頁服務的使用者比率)與LINE相當,這也是Instagram的優勢之一。

▶ 用戶年齡層廣泛,不僅限於年輕女性

一般社會大眾對Instagram的印象應該是「年輕女性使用的社群網站」。在Instagram剛開始流行的時候確實有這樣的傾向,但現況並非如此。

Instagram用戶男女比為4:6,雖然女性用戶略多,但男性用戶也以接近半數的趨勢在成長,而且還有數據顯示,**不只年輕世代,30〜50歲以上的使用者也在持續增加。**

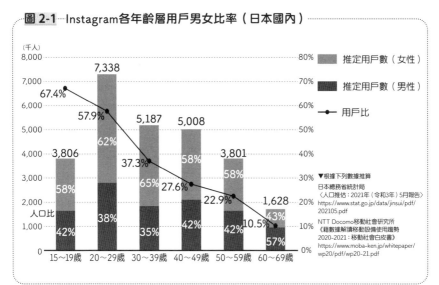

圖 2-1 Instagram各年齡層用戶男女比率（日本國內）

（千人）

| | 推定用戶數（女性）
推定用戶數（男性）
用戶比 |

7,338

5,187 5,008

3,806 67.4%

57.9%

3,801

37.3% 27.6%

22.9% 10.5%

1,628

58% 62% 58% 58%
42% 38% 65% 58% 43%
35% 42% 42% 57%

人口比

15～19歲 20～29歲 30～39歲 40～49歲 50～59歲 60～69歲

▼根據下列數據推算
日本總務省統計局
〈人口推估：2021年（令和3年）5月報告〉
https://www.stat.go.jp/data/jinsui/pdf/
202105.pdf
NTT Docomo移動社會研究所
《藉數據解讀移動設備使用趨勢
2020-2021：移動社會白皮書》
https://www.moba-ken.jp/whitepaper/
wp20/pdf/wp20-21.pdf

引用：圖表由 GaiaX 公司按原出處繪製（https://gaiax-socialmedialab.jp/）

▶ 可以進行的操作很多，例如購物或直播等等

Instagram不僅可以發布照片和文章，現在還可以上傳影片或限時動態（24小時後自動刪除的發文）、進行直播、發布Instagram Video（長影音）或連續短片（短影音）等等，發展成一個發文類型最豐富的社群網站（各項功能之後會詳細介紹）。

除此之外，**Instagram還為商業帳號提供了令人感到欣喜的功能，像是增加購物功能，讓使用者可以直接從Instagram跳轉到商品購買頁面等等**。

另外，雖然Instagram給人的印象是重視視覺效果的社群平台，但最近亦新增了可替照片加上文字及漫畫投稿等功能，所以目前也很流行一些「讀物形式」的貼文。

2-2 Instagram 個人檔案設計

▶ **社群網站的個人檔案是帳號的門面**

在經營Instagram時，個人檔案是尤其重要的一點。個人檔案相當於一個帳號的門面，使用者看到個人檔案的瞬間便會判斷自己是否要追蹤該帳號。**「自己是什麼人」、「這個帳號是在對誰傳達什麼訊息」，在撰寫個人檔案時，請用一目了然的方式編排這些訊息。**

Instagram的個人檔案有以下5個欄位可填寫。

①用戶名稱（Username）　②大頭貼照
③姓名　④個人簡介　⑤網站

▶ **編輯個人檔案的重點**

①用戶名稱（Username）

採用容易搜尋且好懂的字母或數字組合。可使用半形英文、半形數字、「.」（點）或「_」（底線）。

②大頭貼照

請選用**容易記憶的Logo或圖片**來象徵你的帳號。在使用人物照片時，請盡量選擇微笑、表情開朗的照片。另外，設定顏色時要注意色調搭配，並且**避免頻繁更改，如此才能讓大頭貼照給人留下深刻的印象，**

這也是一個重點。

③姓名

　　由於姓名也關乎搜尋能見度，因此除了名稱之外，最好再另外添加頭銜或搜尋關鍵字。

　　例）減重就找●●●／神戶到府美甲等等

圖 2-2　個人檔案範例

④個人簡介

　　由於字數限制在150個字以內，因此採用條列式並把贅詞拿掉會更容易懂。如果是用手機觀看，簡介的第4行以後會被折疊並顯示成「更多」，所以**請把最想讓人看到的資訊放在從上面數來的前4行**。

⑤網站

　　刊載自己想引導使用者前往的網站，例如電商平台的商品購買頁面等等。重點在於**不要放網站首頁連結**。畢竟如果是選單很多、可以連到任何頁面的網站首頁，**使用者就無法順利獲得自己想要的資訊，因此中途關掉網頁的可能性很高**。請站在使用者的角度設置簡單好懂的連結，例如主打商品或入門商品的購買頁面等等。

2-3 利用「探索頁面」蒐集資訊的用戶有所增加

▶ 從「搜Tag」到「滑探索」

2010年成立的Instagram，從誕生至今已經經過12年的時間，正如前文所述，Instagram完成了各式各樣的進化。隨著用戶數的增加，愈來愈多使用者把Instagram當成蒐集資訊的手段，「搜Tag」一詞也因而誕生。這個詞是仿效在Google搜尋引擎蒐集資訊的動作「去Google」所創造出來的，而「搜Tag」指的是**利用Instagram主題標籤（hashtag）來搜尋資料**。

不過，這也是2019～2020年左右的事。在2022年的現在，「搜Tag」一詞更加進化，衍生出**「滑探索」**這個流行詞。「滑探索」取自Instagram的其中一項功能**「探索頁面」**。

▶ 被刊登在「探索頁面」就會有更多人看見

「探索頁面」是以你所追蹤或經常觀看的帳號、曾按過「愛心」或「珍藏」的帳號類型為基礎，**列出「你目前還未追蹤，但可能感興趣的帳號」的貼文推薦給你**。

即使你沒有主動蒐集資料，Instagram的人工智慧AI也會分析你的年齡、性別、地理位置、過去瀏覽過的內容等資訊，並自動顯示用戶可能感興趣的內容。跟主題標籤的搜尋比起來，這種方式可以讓人更輕鬆地找到想要的資訊。

換句話說，從探索頁面中找尋資訊等同於「滑探索」。因此，**當你**

的貼文被刊登在探索頁面上時，資訊傳播力就會一口氣竄升，藉此獲得追蹤者的機會也會增加。

圖 2-3 探索頁面範例

▶ 別為按讚數患得患失

那麼，要怎麼做才能登上「探索頁面」呢？

在「探索頁面」中，最重要的是「貼文數據」。「貼文數據」會根據按讚數、有多少留言、被多少人珍藏等互動數量來判斷。另外，使用者的留言回饋速度也會被納入考量。

在按讚數、留言數與珍藏次數當中，**最重要的是被其他用戶「珍藏（儲存）」的次數**。不曉得各位在經營Instagram時，心情會不會隨著按讚的數量而起伏不定呢？當然，按讚數多並不是什麼壞事，不過在經營Instagram時，被其他用戶「珍藏」的次數才是更應該注重的項目。

在瀏覽Instagram動態消息時，只要看到追蹤帳號的貼文，有時就算沒有仔細閱讀貼文內容，也會帶著「已閱讀」的心情為那則貼文點讚按愛心。畢竟相較之下，按讚是一個比較自由隨性的動作。所以就算按讚數很多，也很難衡量那篇貼文是不是真的那麼優秀。

▶「珍藏」次數愈多,「貼文品質愈高」

那麼「珍藏」又代表什麼意思呢?各位不覺得除非是真的想在事後加以回顧,不然不太可能「珍藏」那篇貼文嗎?「因為在意」、「因為想慢慢看」、「因為想研究一下」,所以用戶才會「珍藏」該帳號的文章。因此**「珍藏」次數很多的貼文,Instagram也會將其評為「高品質貼文」。**

Instagram給的評價愈高,貼文在動態消息顯示的優先順序自然就會愈前面,同時也愈有可能被放在「探索頁面」上。而**出現在「探索頁面」上,就代表可以獲得一批新的粉絲。**

▶ 寫出能讓看過的人想要珍藏的貼文

此外,「探索頁面」的機制是會優先顯示「過去有過回饋,但並未追蹤的帳號」,同時也會考量到瀏覽者所關注的訊息,像是以前該用戶在「探索頁面」中曾對什麼樣的貼文有過回饋。

綜合以上所述,最近的用戶會在個人化的「探索頁面」中搜索新知,也就是所謂的「滑探索」。如果你的貼文出現在「探索頁面」,你的帳號就會被追蹤者以外的用戶看到,這樣就有機會獲得更多用戶追蹤。**在撰寫貼文內容的時候,請**

圖 2-4　「愛心」與「珍藏」

試著構思出一篇讓看見貼文的人會想珍藏的文章吧。

　　至於令人想珍藏的貼文，就是用戶「之後會想回顧」的貼文。舉例來說，Instagram的一則貼文最多可以附加10張圖片，可上傳多張圖片藉以提升每則貼文的資訊量。而且除了圖片之外，還可以用文字介紹店家的促銷資訊、本週推薦商品、主題等對目標用戶有幫助的內容，或是知識、方法之類的實用技巧。

對你來說「理所當然」的資訊，
對別人而言可能很有價值！

2-4 主題標籤應該帶有幾個、怎麼樣的關鍵字？

▶ 征服主題標籤者就能征 Instagram

主題標籤指的是在Instagram上,以「#○○」的格式顯示的關鍵字。在Instagram上發布貼文時,可透過加上主題標籤將文章分類,或是**讓那些用主題標籤搜尋的人可以看見這則貼文。**

2018～2019年左右,Instagram這項搜尋工具開始融入我們的生活中,官方公布的數據也指出,日本人搜尋主題標籤的頻率約為全球平均的5倍。像這樣,透過Instagram的主題標籤搜尋自己想要的資訊的用戶增加了。主題標籤的用法是:如果「想去原宿吃可麗餅」,就搜尋「#原宿可麗餅」。

▶ 主題標籤並非標好標滿就行

對於發文者來說,由於一篇動態貼文最多只能添加30個主題標籤,因此必須徹底檢視自己添加的標籤,同時思考如何才能讓自己的發文被Instagram的用戶搜Tag時搜到,或是加上什麼樣的關鍵字才能讓更多人看到。

隨著Instagram的用戶數量不斷增加,每天都有大量內容發布,導致資訊氾濫,用戶很難從相關標籤裡找到自己想要的資訊。所以**即使標滿30個標籤,那些與貼文內容不太相關的主題標籤也會讓這則貼文被排除在熱門貼文之外。**

舉例來說,假設你要上傳一張帶狗一起去烤肉時拍的照片,你挑選

了一張烤肉和烤蔬菜的照片,但照片中並沒有拍到狗。這時候可以加上「＃蔬菜 ＃肉」這樣的主題標籤,但使用「＃狗」這個主題標籤就不行了。

▶ 運用主題標籤時的重點

另外,Meta公司經營的官方帳號「Creators」曾在2021年發表以下這則貼文,請務必將其當作最新的資訊參考看看。

【使用主題標籤時的注意事項】

◦ 可加上與內容主題有關的主題標籤

◦ 確認自己的粉絲使用了哪些主題標籤,
  或是追蹤了哪些主題標籤

◦ 同時使用廣為人知與特定範疇的主題標籤,
  好讓更多人看到貼文

◦ 使用特徵明確的主題標籤,
  以便讓粉絲更容易找到自己的貼文

◦ 主題標籤的總數是3～5個

請記住此處介紹的內容,並選出適合的主題標籤發文。

就算是粉絲很少的帳號,也能透過有效標記主題標籤打造出一則受人矚目的貼文。你的帳號是以什麼樣的人為目標受眾呢?不妨重新回到這個角度,為貼文加上可以觸動目標受眾心弦的主題標籤吧。

圖 2-5　主題標籤運用範例

 taecostagram
タイアップ投稿ラベルを追加...
位置情報を追加...

MŪ奶油麵包

MŪYA家的
耶誕節限定「MŪ奶油麵包」🖤

真是有夠邪惡的美味……

#MŪYA #麵包與義式咖啡 #MŪ奶油麵包 #breadespresso
#草莓甜點

2-5 最佳發文頻率爲 1 ～ 3 天一次

▶ 始終保持活躍狀態

　　跟其他社群網站一樣，「帳號有在定期活動」是非常重要的事。**要是一週以上沒有發文，就會被當成「不活躍帳號」，在Instagram內的評價會下滑，造成之後的發文很難優先顯示在動態消息上，導致用戶不易觸及貼文。**

　　相反地，如果一天發好幾次文，發文數量太多也會讓追蹤者敬而遠之，或許還會造成用戶取消追蹤。

　　基於以上幾點，我**建議以1～3天一次的頻率定期發文**。由於動態消息與連續短片都需要更加注重「貼文內容的品質」，因此無論如何都得花時間製作。這時設定每3天一次的發文頻率，在不發動態貼文或短片的日子，就用限時動態發一些內容輕鬆的貼文，時常保持帳號的活躍度是關鍵所在。

▶ 充分利用限時動態

　　Instagram限時動態的最大特色是：發布的影片和靜止圖片最長可顯示15秒，而且24小時後就會消失不見。因為這種貼文不會出現在追蹤者的時間軸上，也不會留在自己主頁的發文列表中，所以**最近也有些用戶愛用限時動態更甚於動態貼文**。順便一提，在日本，據說一天會發出700萬則以上的限時動態（截至2019年的資料）。

　　此外，限時動態還具有各種**「雙向互動」**的功能，可對粉絲進行問

卷調查、猜謎，或是提問徵答等雙向溝通。**運用這些功能與追蹤者互相交流，可以提高自己與追蹤者的互動率。**

從限時動態引導用戶前往其他網站的功能，以前只有追蹤人數一萬人以上的帳號或擁有官方認證標誌的帳號才可使用，不過最近已是人人皆能使用了。

▶ 利用精選功能保留限時動態貼文

雖然限時動態會在24小時後消失，但還是可以將其設為精選動態，留存在自己的帳號中。

限時動態精選會顯示在個人檔案與動態貼文的中間，還可以為其分類。由於它被放在一個使用者瀏覽個人檔案時很容易看到的位置，因此**「把想讓人第一時間看到的重要資訊設成精選動態」可說是很有效的一種方法。**

舉例來說，如果餐飲店的帳號事先把「營業時間相關公告」與「菜單一覽」等設為精選動態就很不錯。另外，還可以為精選動態設定封面圖像，這樣就能統一圖片的色調與風格，使個人檔案的整體呈現一致的調性。

▶ 利用連續短片獲取新的追蹤者

Instagram的連續短片功能，可以上傳和觀看最長60秒的影片。原則上，限時動態只有追蹤者才看得到，而**連續短片可以從探索頁面或是Reels頁面中的推薦欄位呈現給尚未追蹤你帳號的人看見，所以也是一種可以獲取新追蹤者的機會。** 就算是在帳號剛開設等粉絲較少的狀態之

下，也有可能得到充足的曝光量，所以請各位積極利用。

Reels頁面最重視的是該用戶過去曾對什麼樣的短片做出回饋，這一點會決定短片的顯示排序。

另外，Reels頁面與探索頁面相同的地方是，當有「以前曾給予回饋，但並未追蹤的帳號」的連續短片時，便會將其視為用戶關注度高的內容而優先顯示。

當然，這則連續短片本身的數據也會被考慮在內，所以獲得多少個讚、有多少人願意把短片看完都是很重要的因素。請有意識地運用這些機制，試著做出一支影片上傳到Reels看看。

2-6 ▶ Instagram 廣告的要點

▶ 低成本、高成效的 Instagram 廣告

　　Instagram廣告主要可以在「動態消息」、「限時動態」、「探索頁面」、「Reels連續短片」這4個位置投放廣告。本節會一一介紹Instagram廣告的優點。

①可精準鎖定目標客群

　　Instagram廣告與以實名登錄為原則的Facebook連動，因此除了用戶的性別、年齡、居住地、興趣愛好之外，還可以根據使用者在Instagram上與哪種性質的帳號交流等行為數據，**設定出精準度很高的目標客群**。

②在預算、創意等方面的廣告操作相當靈活

　　Instagram廣告的特點是**可以從每天40元起的低預算開始操作**，負擔不大。廣告預算範圍可自由設定，預算用完後就不會再刊登，所以可放心投放廣告。

　　如果廣告不是從Instagram應用程式刊登，而是透過Facebook廣告管理員投放的話，還能進行更詳細的設定（建議使用Facebook廣告管理員投放廣告）。在廣告刊登的過程中亦能針對調整預算、變更創意想法等情況做出相應的處理，而且可以在自己**投放廣告的當下查看廣告成效，並隨時改善廣告投放策略，這也是它的優勢**。

③廣告格式多樣豐富

Instagram廣告可以依照經營目的和目標客群，投放各式各樣不同格式的廣告。

除了圖片和影片廣告之外，還有可以與用戶雙向溝通的問卷廣告、能將用戶引導到商店頁面的購物廣告等等，可以透過這個具有豐富廣告功能的廣告媒體，尋求更好的廣告投放效益。

④能觸及世界各地的用戶

據說全世界的Instagram月活躍用戶已達10億人。Instagram這個平台不僅可以接觸到國內的用戶，還能觸及到全球用戶。

同時，Instagram廣告主要是以圖片和影片等**視覺訴求為主，可說是一種語言隔閡相對較小的廣告，因此很容易將其用在拓展海外市場的策略上**。

關於Instagram廣告投放步驟等詳細的操作說明，請參閱官方幫助中心等網站來取得最新資訊。

另外，Instagram廣告的一大優勢是目標精準，因此**在刊登廣告前要先清楚定義出目標客群的樣貌，以便鎖定符合自家公司屬性的用戶，並投放廣告**。

▶ 請試著在 Instagram 上辦活動吧

在商業帳號的經營上，定期舉辦活動也是讓帳號成長的有效方法。促銷活動主要有2種做法，一種是**以增加新粉絲為目的**，一種是**以取得 UGC（使用者創作內容）為目的**。

其實在2020年修訂Instagram《社群守則》時，關於促銷活動，曾經出現「Instagram要禁止用戶舉辦活動」的傳聞。

然而以結論來說，只要依循守則或是政策來執行，就**完全有可能在 Instagram上舉辦活動**。謠言之所以會被誇大成「Instagram好像要禁止舉辦活動」，關鍵在於《社群守則》追加了下列記述：

圖 2-6　《社群守則》部分摘錄

- 促進有意義的真誠互動

　請協助我們一起保護這個環境不受垃圾訊息侵擾，例如不以人為方式收集讚、追蹤者人數或分享次數；不發佈重覆的留言或內容；若未經對方同意，不會為了商業目的持續與用戶聯絡。請勿以提供金錢或其他金錢贈與方式來換取按讚次數、追蹤者人數，或其他互動。請勿發佈涉及、推廣、鼓勵、促使或容許向他人提供、徵求和交換虛假及具誤導性用戶評論或評分的內容。

　您不一定要在 Instagram 使用真實姓名，但必須提供我們正確無誤的最新資訊；此外，不得假冒他人，也不可建立帳號來違反《社群守則》或誤導大眾。

引用：https://www.facebook.com/help/instagram/477434105621119

因為有人對於這個部分做出了以下的解釋，所以「不可舉辦活動」的流言就此傳播開來。

「意思是不能把追蹤和按讚當成參加活動的條件？」

「不可以送獎品嗎？」

　　不過關於促銷活動（比賽、抽獎活動等等）方面，Instagram的促銷活動指南從以前就有列出以下規定：

圖 2-7　促銷活動指南部分摘錄

促銷活動指南

📑 複製連結

促銷活動

1. 如果您使用 Instagram 宣傳或管理促銷活動（例如比賽或抽獎活動），您有合法執行該促銷活動的責任，包括：
   - 官方規則；
   - 優惠條款及資格要求（例如年齡和居住地限制）；以及
   - 遵守各種管理促銷活動及獎品之適用法規和規定（例如，註冊及取得必要的主管機關批准）
2. 您不得自行或鼓勵用戶以不當方式標註內容（例如，若用戶並未出現在相片中，便不應鼓勵對方在相片中標註自己）。

引用：https://www.facebook.com/help/instagram/179379842258600

　　換句話說，就是**「希望大家遵守規章舉辦活動」**。

---

①不以金錢或其他金錢贈與方式作為獎品

②避免獎品的提供成為「追蹤、按讚的回報」

（禁止向所有滿足條件的參與者提供獎品，也就是抽獎或評選沒問題）

一起遵守這2點來舉辦活動吧。基於上述規定，接下來會依不同目的推薦適用的活動辦法。

▶ 以獲得追蹤者為目的舉辦活動

要獲得新的追蹤者，**建議舉辦以追蹤和按讚為參加條件的「贈禮活動」**，這種活動對用戶來說門檻較低，容易參與。因為禁止向所有滿足條件的人贈送禮物，所以**請務必採用抽籤的方式進行**。把獎品設為「物品」或是「體驗」等都不錯。

舉例來說，對於在指定期間內追蹤帳號的用戶，以抽獎方式送出自己公司的產品，或是店家、沙龍的招待券等等。

當然，如果以「抽籤」方式舉辦活動，在選出中獎者時必須保證抽籤的公平性。如果隨心所欲地挑選中獎者，一旦這個消息被洩漏出去，便會迅速擴散，大大辜負追蹤者的期望。

▶ 以取得 UGC 為目的舉辦活動

用戶拍攝的照片等內容，只要獲得拍攝者的許可，就可以作為UGC二次利用。

要大量取得這種UGC素材，建議可以舉辦**「攝影比賽」**。在創建「＃○○攝影大賽」這種原創主題標籤的同時，也要要求參賽者將自己拍攝的照片發布到個人帳號上。

這麼一來，就可以把用戶拍攝的照片統一蒐集起來，並**藉由各個參賽者將資訊傳播給他們的追蹤者，進而提高沒有直接聯繫機會的使用者的認知**。

同時，還能以追蹤帳號為條件增加追蹤者，或是以標註為條件，藉由投稿者吸引新的用戶。

每2～3個月定期舉辦一次這類活動，就可以讓平常無法用發文觸及的用戶也能收到自己的訊息，從而促進帳號的成長。

我要從轉貼我 MV 的兄弟裡面
抽出一名送他獎金 100 萬日圓！

Instagram 原則上禁止
提供或贈與現金的活動喔 !!

小心假帳號

▶ **因為會給粉絲帶來損失，所以要嚴正以對**

在Instagram上舉辦活動時，經常會有一些冒名的**「假帳號」**趁機出現。

這些假帳號會稍微更改一下原帳號的用戶名稱，例如調整「_（底線）」、「o（字母o）」、「0（數字零）」的數量和位置，並假裝自己是真的帳號。**因為個人簡介、大頭貼照與發文圖片全都是複製貼上，所以用戶很難分辨真假。**

而且這些假帳號往往還會一一追蹤那些真帳號的追蹤者。之後假帳號會傳一封「恭喜你中獎了」的私訊，並附上網址，試圖利用詐騙網頁騙取用戶的個人資料，類似的手法非常多。**畢竟有可能會造成追蹤者受害，所以企業方需要多加留意。**

▶ **遇到假帳號時的處理方法**

第一步是向Instagram檢舉假帳號。

Instagram會調查遭到檢舉的帳號，如果判定是冒名帳號，該帳號就會被刪除。只不過這種調查通常很花時間，所以這段期間可以採取的對策是，發布貼文提醒大家小心假帳號。

這對企業來說是一個很令人頭痛的問題，不過舉辦活動就有可能出現這種假帳號，所以最好事先做好心理準備。**請鎮定下來向Instagram回報，並迅速採取應對措施。**

圖 2-8 喚起眾人注意的發文範例

請大家多加留意假帳號

 我們的官方帳號只有

「@○○○○_○○○○」。

※半形符號「_（底線）」只有正中央一個

目前有出現冒充本公司帳號的
假帳號向用戶提出追蹤要求。
已確認假帳號會假裝活動中獎，
並以惡劣的私訊騙取用戶輸入
信用卡卡號等個人資訊。
**本公司現在尚未展開
活動中獎者的聯繫工作。**
中獎聯繫將於1月下旬進行。

若您收到假帳號的追蹤或私訊，
請直接刪除，不要閱讀訊息內容，
並將對方加入黑名單。
假如您已閱讀私訊，
請小心切勿點擊訊息中附帶的連結網址。

圖 2-9 向Instagram官方檢舉或回報的步驟

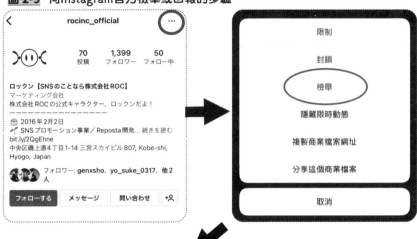

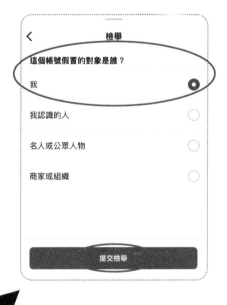

2-9 Facebook 的現況

▶ 用戶年齡偏高是其特徵

Facebook和Instagram一樣，都是由Meta公司負責營運的社群平台。Facebook是在全世界擁有壓倒性用戶數的社群網站。日文版於2008年推出後，用戶人數急遽上升。現在Instagram的用戶數正在向上攀升，那Facebook的情況又是如何呢？**日本國內每月活躍用戶數為2600萬人，比上次公布的2800萬人減少了一些（2019年發表）。**

這基本上有一部分是受到實名註冊規則的影響，所以用於商業經營的用戶很多。許多案例會用「Messenger」這個手機應用程式當作商業上的聯絡工具，**用戶年齡層也以30～50多歲居多**。

以企業的運用來說，可利用Facebook粉絲專頁的功能在Facebook上建立企業專頁。粉絲專頁跟個人臉書頁面一樣，能夠發布貼文、照片

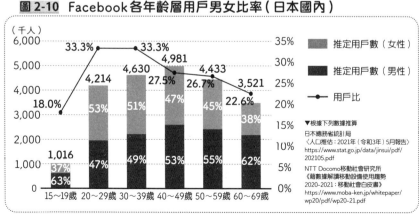

圖 2-10 Facebook各年齡層用戶男女比率（日本國內）

引用：圖表由 GaiaX 公司按原出處繪製（https://gaiax-socialmedialab.jp/）

及影片，還能建立活動等，具備許多方便的功能。**只要使用得當，就能和Facebook用戶藉由留言進行雙向互動，透過增加粉絲數，還可以將對方直接引導到企業官方網站或電商網站的商品資訊頁。**

▶ 要充分利用 Instagram，必須綁定 Facebook

另外，在投放Instagram廣告的時候必須綁定Facebook粉絲專頁和Instagram專業帳號，因此若想充分活用Instagram，Facebook也必不可少。**投放廣告時不要從Instagram手機應用程式進行設定，而要透過Facebook廣告管理員操作，這樣才可以將相同的廣告同時刊登在Facebook和Instagram上。**

不僅是廣告，兩邊的發文也能連動，因此不妨以經營Instagram為主，同時把必要的介紹內容一併發到Facebook上，這或許是不錯的運用方式。

目前的情況是Instagram更受到關注，用戶增長幅度也很大，不過Facebook在全世界擁有更多的用戶，因此當商務上的**目標客群包含外國人時，我建議也要連Facebook一起經營。**

Facebook 的強項

▶ 原則上必須實名註冊的 Facebook 很難引爆戰火

Facebook其中一個特色，原則上就是要求使用者必須實名註冊。這一點和只要更改用戶名稱就能夠註冊好幾個不同帳號的Instagram和Twitter不太一樣。

很多社群網站都有匿名性高的優點，可隨意使用自己喜歡的帳號名稱；不過另一方面也有一項缺點，那就是部分使用者很容易挑起網路論戰，畢竟這些使用者不會對自己在社群網站上的發言負責。當中甚至有一些人會利用匿名帳號對自己看不順眼的事情口出惡言，藉此一掃心頭鬱悶。

然而正如《社群守則》所述，Facebook是一個用戶以真實身分交流為前提的社群平台，一個人持有多個帳號是「違反守則」的行為。

圖 2-11 Facebook《社群守則》部分摘錄

> **我可以建立多個 Facebook 帳號嗎？**
>
> 🔗 複製連結
>
> Facebook 是人們使用真實身分進行交流的社群。持有多個個人帳號違反 Facebook《社群守則》。
>
> - 如果您想在 Facebook 上代表您的企業、組織、品牌或產品，可以使用您的個人帳號建立及管理粉絲專頁。請注意，個人檔案不能用作商業用途，只代表個人身分。
> - 如果您是公眾人物，請瞭解如何允許追蹤者。
> - 如果您擁有 2 個以上帳號，請瞭解如何將您的資訊轉移到單一帳號。您也可以為帳號新增其他名稱（例如，娘家姓氏、暱稱、舊名）。

引用：https://www.facebook.com/help/975828035803295

多虧這種「非匿名」的特點，Facebook可說是一個較不可能遇到因使用者的過度攻擊而破壞貼文的社群平台（當然可能性並非為零）。

除此之外，因為不管是照片、影片或長篇文章（最長6萬個字）的貼文都可以發布，所以Facebook帳號適合用來提升企業整體的品牌價值。而且它很容易與其他社群帳號綁定連動，因此在運用Instagram或Twitter等其他社群平台時，它堪稱是一個扮演樞紐角色的社群網站。

▶ 傳播力比其他社群平台弱

相較於其他社群網站，Facebook通常會形成一個相對比較封閉的社群。動態時報基本上會以「好友」帳號的發文為主。雖然Facebook有分享他人貼文的功能，但**無法期待它擁有像Twitter一般的傳播力**。

而且Facebook原則上不承認替不存在的人物建立帳號的行為，因此出於商業目的運用Facebook時，必須建立粉絲專頁（商業帳號）。Facebook粉絲專頁擁有兩大優勢，一是具備個人帳號所沒有的分析功能，二是它會成為搜尋引擎的搜尋對象。

建議各位把Facebook當成公布企業官方資訊的平台來使用，或是將其視為連結到傳播力更高的Instagram與Twitter的引線。

▶ 形成會員制社群的「Facebook 社團」

Facebook有一項名為「Facebook社團」的功能，可讓用戶依照自己的興趣或商務需求等共通主題建立社群。例如有互相交流特定地區在地資訊的社團，也有分享戶外活動或運動等興趣的社團。在這之中也有專門討論商業或政治的社團，主題五花八門。

社團性質有任何人都可以閱覽、發文的「公開社團」，以及採取審核制的「不公開社團」、「私密社團」等等，這方面均可自由設定。

在商務應用方面，社團不只是一個與同行公司或其他行業互相交流資訊的場所，也有很多案例會舉辦線上研討會等活動。除此之外，還有專門為自由接案者介紹工作的社團。畢竟有機會從中獲得有益的資訊或商機，所以要是對某個社團有興趣的話，請一定要試著申請加入看看。

圖 2-12 Facebook社團範例

▶ 提高用戶互動率

現在Facebook的確沒有像以前那麼強勢了，但若說它為現代社群網站奠定基礎也不為過。它就像Instagram這款較晚推出，但同屬Meta公司（原Facebook公司）的社群平台一樣，功能豐富，而且提供多種觸及用戶的方法。

另外，因為**用戶互動率相對較高**，所以比起吸引新顧客，更建議針對老客戶發布超值的特賣會或活動貼文，或是粉絲可能會喜歡的話題，以進一步提高互動率。

▶ 謹記要發布讓用戶有「共鳴」的貼文

正如第1章所述，社群網站的強項在於與使用者之間的交流。它能消除「企業」、「商業」等詞彙給人的冷淡印象，可以和使用者或顧客站在同樣的角度交換意見或資訊，並提供商品或服務，這是大眾媒體所沒有的優勢。

Facebook擁有很多個人帳號的用戶，因此比起Instagram或是Twitter，使用者接觸企業帳號的頻率並不高。避免宣傳色彩強烈的貼文是所有社群平台的共通之處，而將Facebook用於商業用途時，必須特別留意這一點。

好不容易發了文，若是被略過不看就沒有意義了。要最大限度活用社群網站與使用者之間存在接點的這項特徵，發文時不僅要提供對使用

者有價值的資訊，撰寫貼文時也要能引發使用者的共鳴，讓更多人來支持自家企業或生意。

▶ 文字要簡潔有力，影片則要有衝擊性

Facebook與Twitter的差異在於可以發表長文，但文章還是要盡可能簡潔扼要。以智慧型手機來說，動態時報上的貼文超過151個字（電腦版則是201個字）時，後面的內容就會被省略。冗長的文章無法在龐大的資訊中打動用戶。

另外，在Facebook上播影片時幾乎都不會開聲音，所以製作影片時要用最初幾秒的視覺訊息抓住用戶的心，或是在影片加上字幕或文字特效，幫助視聽者在靜音狀態下看懂影片內容。

據說 Facebook 上的影片有高達 80% 以上都是以靜音方式播放喔！

在各社群平台發文前先創建一個測試帳號

不同社群網站或即便是相同的媒體，也會依功能的不同而有各種不同的最佳圖像尺寸。例如以Instagram為例，儘管個人檔案主頁、主題標籤搜尋頁面和探索頁面等都是顯示正方形尺寸的圖片，但實際上也可以用4：5這種非1：1的圖片尺寸來發文。

至於限時動態與連續短片最適合的尺寸則是9：16，而Facebook和Twitter也一樣，都有自己的最佳圖像尺寸（每個社群平台有關圖像尺寸的詳細規定，請到各社群平台官方幫助中心確認最新的資訊）。

假如沒有掌握正確的尺寸，在瀏覽個人檔案時，便常常發生最重要的部分卻被裁掉的情況。在Instagram上，如果個人檔案主頁給人的觀感不佳，那不管發文內容多棒都很難獲得粉絲追蹤。

然而，要完全掌握所有平台的最佳圖像尺寸也是很困難的一件事，因此建議先創建一個測試帳號。在把文章發到主帳號之前，先在測試帳號試發貼文，尤其是注重圖像的Instagram，必須檢查在個人檔案主頁上，圖片的重要部分有沒有被裁切，以及這次的圖片跟之前的圖片在色調上是否平衡美觀等等，這些都可以透過實際的呈現來做確認。

實際發文後發現跟自己想像的不太一樣……不曉得大家有沒有這樣的經驗呢？運用測試帳號在發文前進行確認，就不會出現這種情況了。為了避免發文後才發現出錯而慌張不已，請務必事先創建一個測試帳號。

第 **3** 章

充分運用
Twitter吧！

Twitter 的現況

▶ 以短文投稿為主,年輕人廣為使用

Twitter是2006年從美國傳入日本的社群平台之一,主要以發布140個字以內的文字為主,同時也可以上傳影片或圖片等等。這個平台把隨意發表自己的想法、意見或是突然想到的事,也就是短篇貼文的格式稱為「推文(Tweet)」(取自意指鳥鳴啁啾的twitter),或是以日文的「呢喃(つぶやく)」來表示。

2017年Twitter的活躍用戶數達到4500萬人,特色是**年輕族群(以20多歲年輕人為主)的使用率很高**。有人認為,深受年輕人歡迎的名人大多都有在使用Twitter,而且不同於Instagram,Twitter僅用文字就能輕鬆「發推文」,又具備使用門檻低、匿名性高等特質,因而受到年輕人青睞,使得Twitter的使用率節節攀升。使用率次高的則是40多歲和30多歲的人。

▶ 使用者之間的交流很活絡

Twitter與Facebook不同,**一個人可以建立多個帳號**。很多人會依工作用、私人用、興趣用等來區分帳號的使用,也有愈來愈多人對各個帳號所產生的交流樂在其中。

擁有多個帳號的人變多,或許代表活躍用戶數正逐漸上升。

Twitter公司把Twitter定位成一個「具備社會元素的社群網路」。此外,它讓傳訊方與收訊方不容易出現時間差的問題,使得發推文跟聊

天室有著相似的要素。在Twitter上經常可以看到針對「推文」積極地透過「回推（replay）」來加深交流的案例，因此Twitter可說是一個**溝通要素很強的社群網站**。

▶ 最大的特點是「即時性高」和「資訊傳播力強」

Twitter最大的特色是它的**即時性高**。因為長於新聞和流行話題等「目前正在發生」的資訊分享，所以**也有很多使用者認為Twitter是一個「可以瞭解目前正在發生的事情」、「類似新聞媒體」的地方**。

新冠疫情造成Twitter的使用人數進一步增加，經常可以看到有人在Twitter上查看全球染疫情況。而且有關大眾運輸誤點或是天候等資訊，據說Twitter是能最快獲得正確資訊的管道。

Twitter的另一個特點是**資訊傳播力強**。使用轉推功能（一種轉發其他使用者推文的功能。分為原封不動地轉發與加上自己的意見或見解再轉發2種形式）或對推文按讚，就能將訊息傳達給自己的跟隨者或跟隨者以外的人。

3-2 ▶ 有效利用 Twitter 的方式

▶ 活用「對話串」與「螢幕截圖」

之前說過一條推文最多可輸入140個字，但那單純是中文的情況。以半形為主的英文等其他語言，最多則可輸入280個字。

如果想要發表的資訊超過140個字，藉由回推到自己第一篇推文的「對話串」來發文就很方便，由於推文是以線形排列串連，因此很容易讓人意識到底下的內容是「第一篇推文的後續」。

另外，還有一種方法是在備忘錄軟體裡輸入要發布的內容，**再將螢幕畫面截圖下來，透過圖片來發推文**。這個方法**可以讓人簡單發表長篇文章，並且只要發一篇推文就能說完**。

這個方法因名人使用而聞名，經常在宣布結婚、懷孕生子或道歉等情況使用。

企業、店家、美容院和沙龍等等，經常會將推文轉成圖片，用來公告營業時間變更或是公休日等資訊。

這麼一來，**也可以讓這則推文從普通的推文當中脫穎而出，使其內容更容易受到使用者關注**。

圖 3-1 截圖發推範例

▶ 雖然發文方式簡單，但不斷追逐新資訊會是沉重的負擔

透過140個字表達世界觀的Twitter有著獨特的輕鬆感與親近感，應該能夠確實減少使用者和企業之間的隔閡。**假如負責經營帳號的人或代表人有充足的時間投入操作，則很建議使用Twitter。**

但我想絕大多數的人都是一邊做其他的工作，一邊同時經營社群帳號，所以並不是所有人都該使用Twitter。尤其是如果要持續「發布即時消息」的話，就必須掛在Twitter上隨時關注新資訊。

而且Twitter的使用者之間利用轉推或回推進行交流的文化也很興盛。一邊工作一邊經常查看Twitter的難度很高，**也有可能會影響到其他工作。**

假如企業形象、經手的商品或服務很適合Twitter這個平台，當然要好好充分利用，但若非如此的話，還是以經營其他社群網站為主會比較好。

請仔細考量這一點之後，再來經營Twitter帳號吧。

3-3 ▶ Twitter的演算法

▶ 緊密聯繫的帳號會被優先顯示

　　早期的Twitter會依照時間順序，優先顯示最新的內容。然而不僅是Twitter，所有社群網站的演算法都在不斷地進化，現在的Twitter則添加了各式各樣的排名要素來顯示使用者可能會喜歡的推文。

　　開通Twitter帳號之後，新推文會按照時間順序不斷出現，並顯示在最上方。不過，使用Twitter一段時間後，**與自己互動緊密的帳號或自己特別感興趣的帳號，則會優先顯示在時間軸上。**

　　這是因為AI人工智慧除了分析和判讀使用者運用Twitter時的行動模式與發文模式之外，還會以開設帳號時所選擇的「感興趣的領域」為基礎，為使用者量身打造個人化的推文顯示方式。此外，「感興趣的領域」通常會以「推薦帳號」來表示。

▶ 在使用 Twitter 前要記住的 4 種演算法

　　2021年以後，構成Twitter演算法的4個要素如下。

> ① 即時性
> ② 參與度
> ③ 富媒體
> ④ 活躍度

①即時性

即時性指的是新發布的推文會優先顯示。

舉例來說，事先設定好每天問候的時間，針對Twitter使用者發送「早安」或「辛苦了」的推文。這種推文雖然具有促進交流的效果，但其本身並不具有任何深刻的含義。在這種情況下會以推文發布時間為優先，並即時顯示。

②參與度

所謂的參與度，就是**優先顯示有轉推、點擊、按讚等動作的推文**。

舉例來說，假設你早上發的推文被快速擴散出去，獲得一大堆的轉推與按讚。這時就算你晚上發了一篇「晚安」的推文，瀏覽者還是會優先看到早上快速流傳的那篇推文。

③富媒體

富媒體是指**會優先顯示附有圖片、GIF和影片的推文**。大部分的推文都是以文字為主。所以當中若是出現附有圖片或影片的推文就會很顯眼，很可能會被優先顯示。

善用這一點，**讓平常的推文以文字為主，但如果有希望大家務必知道的消息（營業日變更、公休、打折促銷等等）時，再用圖片、GIF或影片來發推文的話**，用戶閱讀的機會便會升高。

社群行銷中的「演算法」，
大多指的是「決定貼文優先度的機制」。

④活躍度

活躍度是指**會優先顯示持續定期發推文的活躍帳號**。

假設有一個帳號一週只發一則推文，即使該帳號發布的推文突然快速在Twitter上擴散，也不會優先顯示這個帳號，而是會以每天固定至少發一次推文的其他帳號為優先。

就算自己要發的推文感覺內容很單薄，也可以藉由定期發推文提高評價，因此不妨保持輕鬆的心情持續發文。

▶ **不要用力過猛，持續經營很重要**

Twitter的**優點是「可以輕鬆悠閒地進行交流」，這點也可以透過定期發推文加以善用**。

利用Twitter把企業帳號經營得有聲有色的，日本的「Sharp」和「TANITA」都是有名的例子，這類企業帳號能與使用者保持適當的距離進行交流，正是因為它們的帳號都有定期在動的關係。

演算法決定使用者是否能看到貼文內容！

雖說可以輕鬆地發推文，
但是只發一些自言自語也無益於帳號的經營。

包括Twitter在內，**對於社群網站來說，「持續就是一切」**。不只Twitter，這句話在所有的社群平台皆通用，畢竟想要獲得成果，持續是最優先也最重要的事。請有意識地，在不勉強自己的範圍內持續經營下去吧。

3-4 Twitter個人資料設計與置頂推文

▶ 設計個人資料是經營帳號的第一步

在YouTube、TikTok等影片社群網站，判斷能否讓觀者成為訂閱者的依據是影片本身的內容。但在Twitter和Instagram等社群平台，則有很多人會根據個人資料來決定是否追蹤該帳號。**如果想增加跟隨者數量，最快的捷徑就是好好設計個人資料。**

如果簡介裡什麼都沒寫，只有一句「請多多指教」，跟隨者的數量當然不會增加。請以此為基礎，用心設計你的個人資料吧。

▶ 自我介紹盡可能清楚易懂

Twitter的個人資料最多可輸入160個字，以下是能放入個人資料中的3項資訊。

> ∘ 你這個人（企業）在做什麼？
>
> ∘ 至今為止的簡單經歷
>
> ∘ 這個帳號會發布什麼樣的資訊？

明確回答上述問題，有助於增加跟隨者人數。

不過個人資料的欄位沒有換行的功能，所以想讓簡介看起來清楚易懂就得下點功夫。在大多數情況下會用斜線等符號來增加易讀性。

請各位實際觀察其他帳號的個人資料頁面，例如自己常常瀏覽的帳

號、與自己公司同業種的企業帳號，以及自己視為目標的帳號等等，這樣才能在腦中具體地想像。也許當中會有一些可以作為參考的資訊或是做法。

▶ 附上購買商品、服務的連結網址

在Twitter個人資料中透露「帳號持有人」的名字也會帶來有趣的效果。不一定使要用本名，例如可以用「社長的弟弟」、「前任‧現任小編的下屬」等方式來描述。如此一來就更能營造出「同溫層」的感覺，只要對方對此產生好感，就很容易跟隨關注這個帳號（這點後面會再詳述）。

把可購買商品或服務的連結頁面放入個人資料中也很有效。另外，如果不同專案有個別的帳號時，也可以放上其他帳號的連結網址。因為一看就知道是有關聯的帳號，所以使用者很容易會同時跟隨關注兩邊的帳號。

▶ 選用一個能反映出企業形象的大頭貼照

個人資料的標頭和大頭貼照，也應該挑選符合企業形象的圖片來使用。很多企業會將公司Logo或商品Logo當成大頭貼照，如果公司有吉祥物的話，把吉祥物拿來當大頭貼照也不錯，可以讓人產生親近感。

Twitter和Instagram的大頭貼照往往會比帳戶名稱更加顯眼。**因為有很多人會用大頭貼照來判斷是誰發的推文，所以大頭貼照的圖案非常重要。**

另外，Twitter的帳號名稱一旦註冊之後就無法變更，但是顯示名

稱可隨時更改。也可以一開始用公司名稱，等到新商品或服務上市時再更換。

例如類似「〇〇股份有限公司／7月△△開賣！」這樣的感覺。因為名稱會跟大頭貼照一起映入眼簾，所以或許會有利於對外宣傳。

▶ 善加利用釘選置頂功能

很多企業會在位置欄註明總公司所在的縣市。由於也可以輸入地名以外的詞彙，因此如果有打算搬遷的話，建議不妨先註記一下。

網站欄可刊登符合公司行銷方向的網址，例如希望使用者經由社群網站可連結到入門商品網頁，或為新顧客提供的宣傳頁面等等。

要是個人資料裡寫不下全部內容，就用推文接續寫下去。可以釘選那則推文，把它變成「置頂推文」。**Twitter的置頂推文通常會顯示在時間軸頂端**，因此只要結合個人資料撰寫，就會更容易讓人意識到這是「個人資料的延續」。

除此之外，置頂推文還有其他很有效果的用法。

舉例來說，只要把爆紅的推文設為置頂推文，就有可能使這則推文進一步擴散，**藉由把活動**

圖 **3-2** 個人資料範例

資訊或特賣訊息設成置頂推文，也可以讓使用者更容易看見它。想與使用者進行互動時，也可以設定置頂推文，用來說明交流注意事項。

在Twitter上，甚至有可能光憑個人資料就吸引粉絲追蹤。不妨製作出符合企業色彩的個人資料，藉此增加粉絲人數吧。

3-5 ▶ 用「同一掛的感覺」製造親切感

▶ 消除「死板」的形象

在企業帳號之中，有些企業在經營Twitter時，會特意表現出「有一位小編」的感覺。

所謂「小編」，是指飾演該角色的演員或管理者。在Twitter中，則代表負責經營企業帳號的人。並非只會發布死板的官方推文，而是由「小編」將突然閃現的想法發成推文，營造親切感，**讓企業帳號被視為一個「角色」，這樣也能提升企業的辨識度。**

「小編」所發的推文經常快速擴散，其與官方推文之間的反差創造出趣味性，經常演變成熱門的話題。

▶「小編」的成功案例

在說到由「小編」發布推文後引爆話題的，前述的「Sharp」和「TANITA」都是很好的例子。

這2家公司由「小編」所發的推文，具有讓人會心一笑的要素，光是一讀就能讓心情得到舒緩，因而獲得好評。這2個帳號也很常透過回推的方式與使用者進行交流，**由此可看出它們在縮短企業與使用者的距離上扮演重要的角色。**

Twitter帳號與企業色彩完美融合，「Sharp」和「TANITA」這2間公司的名稱也逐漸滲透到原本對其不熟悉的年輕族群中，光是這樣就能帶出很好的成果。

圖 3-3　Sharp的Twitter帳號　　　　圖 3-4　TANITA的Twitter帳號

引用：https://twitter.com/SHARP_JP　　　引用：https://twitter.com/TANITAofficial

　　企業認知度愈高，「小編」所發的推文就愈能形成反差並產生趣味性。另一方面，要是企業認知度不高，在這方面的操作上多半會較為困難，必須多費點心思去取得兩者之間的平衡。

　　接下來就為各位介紹有效運用「小編」、「置頂推文」與「個人資料」等的幾家企業。

　　新光重機是一家經營建設用重機械的企業，該公司的Twitter「小編」所發的推文很有趣且十分受歡迎。或許可說是「小編」人設成功的罕見案例。

　　聽說這家企業曾經多次申請Twitter帳號驗證標誌，但每一次都被退回。新光重機反過來將這一點當成自嘲的題材，讓人從中感受到「小編」的高品味。看起來這似乎也有助於提高企業形象。

　　雖然都是在Twitter上辦活動，卻沒有使用到任何需要花錢買的工具，而是靠著「小編」的品味、創意及有趣的心思來操作，實在很令人佩服。

運用社群「小編」的方式，會依企業規模不同而改變。像是「Sharp」和「TANITA」這種企業認知度已經很高的公司，可利用「小編」來製造反差，讓一般人對其產生好感，藉此進一步提升品牌知名度。至於認知度沒有那麼高的企業，建議可以好好利用官方推文宣傳自家公司的專業領域或業務內容，偶爾藉由「小編」所寫的推文營造親切感，算是一個不錯的開始。

圖 3-5　新光重機的Twitter帳號

引用：https://twitter.com/shinkojuki

▶ 必須以「誠信」為前提

雖然是否要在企業官方帳號中推出「有小編在」的感覺，應該由具有決策權的人決定，但**「小編」所寫的推文對企業形象產生的影響有好有壞，所以這部分其實很難判斷**。不過正是「小編」所寫的推文，才有辦法營造出官方推文所沒有的親切感、趣味性與共鳴。如果運用得宜，社群帳號將會以意想不到的速度成長，進而提高企業形象──這種例子也很多，可以說非常值得大家拿來檢討。

另外，**代表企業經營Twitter帳號時，不要把目標放在奇怪的笑點上很重要**。請記住，始終要以真摯、認真、誠實的態度發布推文，避免損害企業形象。推文會顯示出你是以什麼樣的心態在經營這個帳號，所以請務必多加留意。

「小編」是站在什麼樣的立足點發布推文，也會影響企業給人的感覺。**有站在企業與使用者之間，用俯瞰企業整體發文的「小編」，從這個角度發布的推文會讓使用者留下好印象。**

　　「小編」所發的推文能否營造出趣味性讓官方推文脫穎而出，這也是帳號經營者展現自身本事的地方。**千萬別自以為是，請用心下功夫，透過「小編」發布讓人感到有趣的推文。**

社群帳號代表一家公司與商店的門面。經營企業帳號伴隨著重大的責任，請絕對不要忘記這一點。

3-6 人們需要的是「即時」資訊

▶ Twitter 很適合發布趨勢話題

如前所述，Twitter最大的特色是很適合「追求即時資訊」。人們想從Twitter上得到的是「現在正在發生什麼事情」這種即時的資訊。跟其他社群網站比起來，**Twitter使用者往往對流行趨勢非常感興趣。**

只要瀏覽Twitter探索頁面上的「推薦」欄位，就會發現全球關注的流行趨勢與按照類別劃分的趨勢等被分門別類地顯示出來。因為新冠肺炎大流行，Twitter建立了一個「COVID-19」的分類，在這個類別中可以查看全球新冠疫情的情況。

▶ 使用有趨勢關鍵字的主題標籤發表推文

新聞與流行趨勢的特色在於更新速度很快。剛剛還在排行前幾名的關鍵字，幾個小時後消失得無影無蹤是常有的事。當晚上進入趨勢的關鍵字到了隔天早上還在流行趨勢排行榜時，很有可能是發生了什麼重大的新聞。

可以善加利用這些趨勢，藉由推文來提高傳播力。發布一些與趨勢有關的資訊就很不錯，或是針對趨勢話題發表自己的意見，這也是吸引他人關注的一種方法。

假如當下的趨勢與自己的業務內容或鑽研的主題相關，請將其視為絕佳的機會。**在推文內添加趨勢關鍵字的主題標籤，這樣就能提升推文被看到的機率。**

▶ 也要記得關注當地趨勢

　　如果是在地方紮根的企業，除了世界和本國的趨勢外，還應該要關注當地的趨勢。

　　在Twitter上可按照設定顯示地區趨勢，而且也有很多人會利用Twitter查看當地的大眾運輸工具或天氣狀況，所以在推文裡加上地名標籤也很有效果。

　　如何把趨勢或新聞與企業推文連結在一起，取決於發文者的品味素養。而且挑選哪一條趨勢或新聞來進行操作，也會影響使用者的反應。雖然並非搭上趨勢話題就能讓推文快速擴散，不過只要把握重點持續發布推文，就有可能因此增加跟隨者人數。

圖 3-6　Twitter的趨勢標籤

3-7 　利用圖像與影片引人注目

▶ 加入圖片或影片可使推文更顯眼

　　正因為Twitter的推文基本上是以文字為主，所以附有圖片或影片的推文才會特別吸睛。

　　舉例來說，「從晴空塔看到的元旦日出」、「因為天氣很好，所以看起來比平時更清晰的富士山」，要是出現這樣的推文，是不是會很想看看文中所描述的畫面呢？因為美麗的風景或情境會讓人的心靈獲得舒緩與滋潤。

　　如果從你的辦公室窗戶可以看到漂亮的風景，請務必善用這一點。即使是同樣的風景，整體氛圍也會隨著季節或天候而變得截然不同，這種變化可以讓人樂在其中。

▶ 用手機應用程式剪輯，挑戰製作短影音

　　在影片方面，對使用者來說30秒以下的短影音更容易觀看。**像是產品使用方法等內容，或許只要閱讀說明書就能瞭解，但是做成短片上傳則會讓使用者很高興。**

　　髮廊帳號最受歡迎的是剪髮前後的對比影片。首先會拍攝顧客剪髮前的樣子，然後用手暫時擋住鏡頭，把手拿開之後就能看到剪髮後的樣貌。因為這樣的影片可以明確地傳達出髮廊改造髮型的前後差異，因此對顧客而言就有可能是很有意義的資訊。

　　利用手機應用程式來剪輯影片，一點都不困難。製作成影片既能傳

達真實感，也能有效防止印象的錯置。

　　「雖然想要運用影片，但不清楚要怎樣與自家公司的業務內容產生連結」，遇到這種情況時，**請務必試著查看其他同業公司的Twitter、Instagram與YouTube**。要是有很擅長運用影片行銷的帳號，可以先從模仿它們開始。

▶ 上字幕的方式會改變影片整體的氛圍

　　就算拍攝對象不變，也可以**透過加入文字或表情符號的方式，徹底改變影片給人的感覺**。受歡迎的帳號或影片大多都很時髦，看起來賞心悅目。拍完影片後，剪輯時在某些地方下功夫，可以創造出完全不同的效果，所以要大量觀看熱門的影片，多看多學。

　　即使公司在這方面沒有品味超群的人，也可以先研究一些值得參考的社群帳號，分析它們之所以吸引人的原因，如此一來，技巧與鑑賞力自然會慢慢提升。藉由反覆研究調查，慢慢就能寫出高品質的推文，所以請不要放棄，要持續不斷地嘗試下去。

3-8 ▶ 每天最好能發 1 ～ 5 則推文

▶ 推文太多或太少都不行

很難增加跟隨者的帳號都有一些共同的特點。其中一項特點就是發推頻率極高或極低。

過度頻繁地發布推文，可能會讓跟隨者的時間軸被該帳號的推文淹沒，令人感到困擾。反過來說，要是發推頻率太低，便失去了跟隨關注的意義。

▶ 保持長遠的目光，持續不斷地發推文

雖說推文過多或過少都不會帶來好成效，但有些帳號即使如此，還是能增加跟隨者人數。藝人、運動員、知名藝術家及著名YouTuber等帳號，都屬於這種類型。其跟隨者的增加，與更新頻率無關，這是很理所當然的事。光是名人的身分，就會讓很多人抱持興趣。

倘若知名度很高，就不用特別在意更新頻率的問題，可是這種情況相當少見。**普通帳號想要增加跟隨者人數，最佳捷徑就是持續不斷地累積推文。**

▶ 發布推文時最好間隔一段時間

不妨先試著從每天發一則推文開始吧。習慣之後再慢慢增加次數，像是以每天發5則推文為目標如何呢？

因為Twitter一則推文的資訊量很少，如果是5則推文的話，使用者的時間軸不會長時間被同一帳號的推文塞滿，所以被嫌煩的可能性應該沒有太高。

此時，分別在不同時間發文，效果會更好。舉例來說，上午發2則推文，下午發2則推文，晚上再發一則推文，每則推文最好間隔一段時間再發布。

▶ 可用排程功能事先指定發文時間

如果有其他工作，很難在固定時間發推文的話，不妨試試利用排程功能。

這是一個非常方便的功能，**只要事先設定好文字和圖片等，並排定發布時間，只要時間一到就會自動發出推文**。只有Twitter網頁版能使用官方的排程功能。因為不能用手機應用程式進行發文排程，請多多留意這一點。

至於操作方式，只要在發文畫面下方點擊日曆圖示，就可以設定發文的日期與時間，請一定要嘗試一次看看。

利用這個功能來發布官方推文會很有效率。只要是發文前，推文都能進行編輯或刪除，也可以利用排程功能來回覆推文。如果遇到想回覆

有空時事先統一安排發文時間，
可以減輕不少負擔喔！

圖 3-7 排程功能

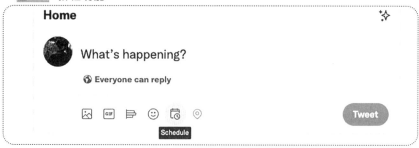

使用者的回覆推文，卻因當下已經不是適合回覆的時間，不妨用排程功能回覆吧。另外，對話串是不能使用排程功能的。

▶ 也可以使用「SocialDog」等第三方工具管理

如果是Twitter官方以外的工具，像是「SocialDog」就可以用手機應用程式排程發文。這個工具還可以用來分析數據。

「SocialDog」是一個專門用於Twitter的工具。雖然分為免費與收費2種版本，但免費版也可以使用排程功能。很多知名企業都在使用「SocialDog」，它是具代表性的Twitter工具。當同時進行其他工作而難以定期發布推文時，請務必試用一次看看。（https://social-dog.net/）

▶ 小心即時性轉瞬即逝

雖然排程功能很方便，但它有一個問題。那就是會使Twitter獨有的**「即時性」降低**。由於這樣便無法發揮Twitter最大的特色，因此在這一點上必須多花點心思。

圖 3-8 SocialDog的網站

引用：https://social-dog.net/

　　舉例來說，事先決定好排程發文與即時發文的比例，這樣既能減輕小編的負擔，也能夠兼顧即時發文。像是官方推文採取排程發文，「小編」所寫的推文則採手動即時發文。

　　如果以這種方式進行，就算即時推文一天只有零星幾則，加上排程推文也能達到每天發5則推文的目標，而且即時推文還可以結合趨勢話題或是時事新聞。

　　請好好掌握排程發文功能與即時發文這兩者之間的平衡，同時活用Twitter所擁有的「即時性」來發布推文吧。

3-9 發文題材用完時的應對方法

▶ 發文題材用完時，可以參考 Twitter 行銷日曆

在經營Twitter的過程中，最常見的煩惱是「沒有可用來發推文的題材」。儘管企劃順利進行，但能公開發表的資訊多半很有限，所以很難找到可用的素材。話雖如此，要是發布的都是偏向個人取向的推文，那這根本就是「小編」的個人帳號了。

想不到發文題材的時候，解決方法之一是參考Twitter官方提供的**「行銷日曆」**。建議不妨參考日曆，從發一則「今天是〇〇節」的推文開始。

圖 3-9 行銷日曆

引用：https://marketing.twitter.com/ja/collections/connect-on-twitter/moment-calendar

▶ 發布對其他新聞報導的感想或摘要

前面曾說過，透過推文發表自己對趨勢或新聞的看法也是一個不錯的方法。如果有關於業界的新聞，還可針對內容做簡單的摘要；要是內容比較專業，**也可利用推文解說其中的術語或內容。**

如果同時經營其他社群平台時，也有一種做法是**沿用另一個平台的文章發推文，或是摘錄其內容。**尤其部落格往往要花不少時間閱讀，因此可以先用推文寫出綱要，將重點傳達給大眾。看到那則推文後，說不定會讓使用者產生想閱讀部落格完整文章的想法。

出於同樣的理由，在Twitter上發布企業網站的新聞摘要也很有效果。在推文裡提及新商品或新服務誕生的過程，或許也會讓使用者感到很開心。寫出研發祕辛或是遇困過程，都是現在這個時間點才能說出口的故事，或許可以充分引發使用者的興趣。而用推文實況轉播新產品或新服務發表當天公司內部或是工作人員的狀況，也會給使用者帶來臨場感，說不定會增添不少樂趣。

▶ 試著自我搜尋並做出因應

為了預防題材用盡，事先用備忘錄程式記下各種「題庫」也是一種因應對策。預先挑出一些不同類型的主題，等到為推文題材煩惱時再拿出來參考即可。

善加利用自我搜尋也是一種方法。**自我搜尋是指利用搜尋引擎搜尋公司名稱、帳號名稱、產品或是服務名稱，藉此檢視企業在網路上的評價。**只要搜尋一下各類產品，應該就能找到許多使用者的意見或感想。例如髮廊就可以試著搜尋「護髮用品」、「頭皮SPA」等詞彙。也有很多企業會透過自我搜尋來蒐集使用者的真實心聲。

由於透過自我搜尋也會找到一些誠實的意見，因此看到批評、負面感想與攻擊性言論的機會也很高。不過，要將其視為「批評」、「攻擊性言論」而選擇忽略不理，或是要善用這些意見來進行改善，則是取決於自己。藉由自我搜尋瞭解使用者的各種聲音，在行銷戰略與業務拓展上是十分必要的。

▶ 社群聆聽是改進現況的提示

　　在行銷領域，蒐集與分析使用者的聲音稱為「社群聆聽」，這在企業經營社群平台時，是一項非常重要的措施。

　　然而，以人工方式來做這件事需要耗費大量的時間和精力，因此通常會使用專業工具來分析資訊。那就是社群聆聽工具。

　　以透過工具得出的結果拿來作為基礎，進行宣傳或業務改善，並把握業界和競爭對手的狀況，這也有助於防止負面輿論擴散等等。社群聆聽工具的種類繁多，因此只要選擇符合公司業務和預算的工具即可。

▶ 總之要先養成打開 Twitter 的習慣

　　可以作為題材的點子應該有很多，只是我們沒有注意到而已。為了避免落入「沒梗可寫」的窘境，請從平時就開始關注趨勢話題，並養成蒐集即時資訊的習慣。不管有多忙，總是能擠出一點零碎的時間來做這件事。例如等車的時間、移動的時間等等，可以善用這些零碎時間進行調查。

　　就算怎樣都想不出發文題材時，也一定要打開Twitter看一看。在瀏覽他人的推文時，經常會想到不錯的題材，有時還會得到意想不到的

收穫。只要看一下Twitter，就會發現上面有各式各樣的觀點，有時也會不斷冒出創意和靈感。不過這是因為平常習慣逛Twitter才做得到。

不是在決定要發什麼推文後才打開Twitter，而是先打開Twitter，再去思考發文內容。請讓自己養成這個習慣。

在自我搜尋時發現的批評言論，
說不定會成為改進現況的提示。

3-10 Twitter 廣告的要點

▶ 善用 Twitter 廣告提高知名度

在Twitter上也可以刊登廣告。廣告會出現在Twitter的時間軸或趨勢欄位裡，跟隨者以外的人也看得到。刊登Twitter廣告當然要花一些費用，但**也可能一口氣獲得一批跟隨者**。

Twitter廣告的版型種類繁多，包括文字廣告、圖片廣告、影片廣告、輪播廣告和瞬間廣告等等，可以因應廣告目標或商務目的來挑選。

▶ 廣告有 3 種，可小額投放

在Twitter廣告的選單中，按照用途可分成「推薦推文」、「推薦帳號」、「推薦趨勢」3種廣告類型。

推薦推文是一種宣傳推文的廣告，最適合用於提升推文本身的曝光次數，或是促使跟隨者做出回應。

推薦帳號則是以獲得跟隨者為目的刊登的廣告，可直接增加跟隨者人數。

推薦趨勢的特色是將廣告放在「推薦」或「趨勢」的醒目位置，用來宣傳大規模的促銷活動或其他活動。

Twitter廣告沒有最低刊登金額的限制，所以**就算是1日圓也可以刊登廣告**。

不過用1日圓刊登廣告，應該有點難。請試著想想「要用Twitter廣告達到什麼目標」，並以此為出發點，思考在可用的預算範圍內應該投

圖 3-10 Twitter廣告刊登欄位（部分）

放哪種類型的廣告。想要促使跟隨者做出回應就選擇推薦推文，想增加跟隨者人數就選用推薦帳號。

　　即使金額很少，但只要反覆嘗試，就會慢慢抓到感覺，明白「自家公司的帳號大概可以用怎樣的單價獲得跟隨者」，之後訂定廣告預算時也會愈來愈容易。

　　不論什麼事情，先實際動手嘗試看看很重要。就算金額很少也沒關係，請一定要試著刊登一次Twitter廣告看看。

3-11 關於在 Twitter 上辦活動

▶ 社群活動大致分為 2 類

　　從幾年前開始，企業便頻繁地透過在Twitter上辦活動的方式進行宣傳。使用者只要跟隨企業帳號或轉推企業推文就能參加抽獎活動，這種一般常見的活動在提高企業知名度與增加跟隨者方面，因為Twitter的高傳播力而帶來莫大的成效。

　　在Twitter上辦活動的方式有2種。

・一般常見活動

　　統計滿足跟隨帳號或轉推推文等條件的參加者，隨後再向中獎者發送中獎私訊。

・即時抽獎活動

　　使用者參加抽獎活動後，就立刻公布中獎結果。大多是利用專門工具來進行。

▶ 舉辦活動之際的重點

　　在Twitter上舉辦活動的時候，必須讓使用者轉推推文或是跟隨帳號等等，所以接下來會介紹在設計Twitter活動時，必須事先掌握的兩大重點。

　　規劃活動時請留意以下2點。

· **活動內容與目標受眾的契合度**

　　既然要在Twitter上舉辦活動，如果無法觸及目標受眾，就不能得到預期的效果。因此必須事先設定與產品或服務高度契合的受眾，再展開活動。

· **設定活動結束後的目標**

　　儘管成功達成活動目的，但要是之後跟隨者流失，整個活動便是白忙一場。**要思考活動結束之後該如何讓跟隨者持續追蹤帳號，再展開活動。** 藉由活動發布一些對跟隨者有所助益的推文是一件很重要的事，或是定期舉辦活動也很不錯。

　　在Twitter投放廣告或舉行活動時，重點在於目標的設定。 由於廣告的設定與活動結束後的動向會隨目標而改變，因此請在一開始就訂出明確的目標。

　　有實體店的餐廳也經常會在Twitter上舉辦活動。不曉得各位有沒有在進入店家時看過「跟隨帳號就送一杯飲料」的貼紙呢？這種方法**不用花太多費用就能進行活動。**

　　社群網站本來就有相同性質的人會互相跟隨的傾向（例如住在神戶的人多半會關注同樣住在

圖 3-11
Dydo Drinco, Inc.的活動範例

引用：https://twitter.com/DyDo_official/status/1464147663612530690

神戶的人），對於擁有實體店的行業來說，利用社群網站的這種性質，**針對光臨實體店的顧客在社群平台上舉辦活動頗有效果。**

▶ 有的企業把 Twitter 用在招聘人才上

另外，也有些企業會用Twitter招聘人才。利用Twitter舉辦招聘活動，可讓應聘者與招聘人員（Twitter小編）輕鬆交流，容易在腦中想像具體的工作，避免進入公司後發生不符期待的問題。

雖然準備一個公司專用的招聘帳號也是不錯的方法，不過像我們公司一樣每位成員都建立一個公司用的Twitter帳號，讓大家各自運用也很有效果。

實際上，有很多來我們公司面試的應徵者都會告訴我們，他們看了員工的Twitter後，發現大家都很開心地工作，讓他們留下了深刻的印象。請各位一定要在Twitter上搜尋「ROC股份有限公司（日文原名：株式会社ROC）」，瀏覽一下我們每個員工的帳號。

3-12　關於 Twitter 的數據分析

▶ 利用數據捕捉使用者的反應

　　如果在經營Twitter的時候無法獲得預期的成效，**請針對帳號進行分析**。包括Twitter在內，社群平台是一種能夠獲得使用者反應的雙向溝通工具。**只是單方面地持續發布資訊，並無法完全發揮Twitter的最大潛力。**將使用者對於推文的反應化為數值並加以掌握，才有可能有效地利用推文或活動。

▶ Twitter 已有內建的分析工具

　　Twitter有一套內建的分析工具，名為**「Twitter分析」**。請試著用這套分析工具檢視自己所發的推文的實際數據。

　　也可以由推文被用戶看到的次數，也就是**「曝光次數」**、顯示使用者與推文互動次數的**「參與次數」**、連結點擊次數、透過這則推文查看個人資料的次數，以及藉由這則推文獲得的跟隨者人數等資料來確認。

　　使用手機的話，Twitter分析可以透過點擊推文下方的**「顯示推文分析」**來檢視。如下一頁的上圖所示，我個人建議用電腦登入Twitter查看數據。

▶ 只要能分析數據就能想出因應對策

　　如果經營Twitter的目的是「想讓更多人知道新產品」，那麼就應

圖 3-12 Twitter分析

該把曝光次數設定成KPI之一。

　　Twitter分析可以立刻提供當月推文曝光次數的總和。如果該數值比目標值還低的話，就要採取一些因應措施，像是「留意Twitter趨勢話題，每天至少發一則含有主題標籤或關鍵字的推文」、「增加原本發推文的次數」等等，請不要光看畫面上的數據，而是要對照目標來思考改善對策。

　　這樣的分析與改善，建議至少每個月要做一次。可以的話，以1週或2週為單位來進行，便能儘早改善帳號的經營狀況，因此，請根據自己的時間來進行調整。

第 **4** 章

充分運用
LINE吧！

▶ 沒有道理不在商業上善用使用率一面倒的 LINE

如今LINE已成為日本民眾溝通必備的工具。LINE軟體的普及程度和市場滲透率都非常驚人，在日本已經很難找到手機裡沒有安裝LINE的人。

截至2021年4月，LINE在日本國內的每月活躍使用者（Monthly Active Users, MAU）是8600萬人以上，**有超過70％以上的日本人是LINE用戶**，或許可以說，幾乎所有擁有智慧型手機的日本人都在使用LINE。此外，調查各年齡層的使用率也可發現，**從10幾歲到70幾歲，幾乎所有年齡層都頻繁地使用LINE，其在社群平台之中，使用率更是壓倒性地高。**

我認為這種具有壓倒性普及率與高滲透率的工具，沒有理由不好好運用在商業上頭。LINE在商業上的應用是以「LINE官方帳號」進行。在開始經營LINE官方帳號之前，請記住以下3點。

▶ ①明確訂出經營 LINE 官方帳號的目的

已經在經營LINE官方帳號的企業，最常見的煩惱就是「不知道該如何區分使用LINE官方帳號和其他社群平台」。此時可藉由明確訂出LINE的使用目的來解決問題，所以在開始經營LINE之前，要先思考這個問題。經營LINE官方帳號的目的有以下幾點。

- 獲得新顧客
- 提高企業認知度
- 促使顧客再次光顧
- 獲得回頭客
- 增加忠實顧客　等等

　　忠實顧客指的是「對品牌有深厚感情且忠誠的顧客」。真心喜歡商品或服務並成為品牌粉絲的顧客，會給予品牌極高的評價，或是向其他人介紹，他們所採取的這些行動有助於企業獲得新客戶。

　　雖然很多企業都較注重吸引新顧客，但維持老主顧和回頭客的成本更低，客單價往往也比較高，因此**開始著重增加忠實顧客或提升顧客忠誠度的企業也愈來愈多。在這方面，LINE官方帳號可說比其他社群平台更加擅長。**

　　若是以獲得新顧客和提高企業認知度為目的，就必須把LINE廣告的運用也納入視野；要是把促使顧客再次光顧和獲得回頭客當成目標，則必須針對曾光臨店面或購買公司產品的人，檢討自己對他們的引導和相關措施是否有可以改進的地方。

　　綜上所述，LINE官方帳號的經營方式會隨目的不同而異。如果無論怎麼努力都無法獲得理想的結果，說不定問題出在**經營目的和運用方**

日本國內的每月活躍率高達85％！
這已經是日本人不可或缺的基礎設施之一！

法之間的落差。要明確訂出經營目的，重要的是要先弄清楚當下的課題與問題點是什麼。

▶ ②正確掌握顧客需求，準確設定目標客群

明確訂出經營目的之後，接下來要**設定目標客群**。請一邊想像利用產品或服務的是什麼樣的客層，以及要將目標放在獲得新顧客或是留住老主顧上，再一邊做好設定。關於目標客群的設定，請參考第1章介紹的項目進行。

在具體描繪目標客群的同時，也要按照需求考量在官方帳號發布的內容。為了避免寫出偏離目標的內容，請預先設定目標受眾，確保內容能夠吸引這些人，並促使他們想要採取行動。

▶ ③依 LINE 官方帳號的經營目的設定 KPI

KPI是為了達成經營目的而用來檢視的中期目標。舉例來說，下列項目就經常被設定成KPI。

・好友數

其他社群網站上的追蹤者在LINE裡叫做「好友」，LINE官方帳號原則上只會對好友發送訊息，因此首先必須注重好友數。

・銷售額

建議針對LINE官方帳號設定目標銷售額。事先訂出透過LINE官方帳號獲得的銷售額占整體銷售額的百分比，才能藉此採取有效的對策。

・封鎖率

據說就算經營得再好的LINE官方帳號，也會出現10～30％左右的封鎖率。

最好檢視一下官方帳號的封鎖率是否控制在30％以內。封鎖率可以從「LINE Official Account Manager」的「分析」中查看。如果封鎖率超過30％，請立刻重新評估訊息內容與傳送時間等等。

・目標好友數

「目標好友數」是以「加入好友數－封鎖數－屬性未知數」算出來的好友人數。就算好友再多，若是目標好友數太少就沒有意義，所以這個數值也是應該留意的數據。

・訊息開封率

LINE官方帳號在發送訊息後，可以得知使用者開封閱讀的比率。據說電子報的開封率是10～30％，而**LINE的開封率超過60％**。請參考這個數值，設定自己的目標開封率。

・連結點閱率

舉例來說，在舉辦促銷等活動時，必須確認發出的訊息能吸引多少人前往促銷活動頁面，所以連結的點閱率（開封閱讀訊息的人當中，有多少人點擊連結）也很重要。

・優惠券的使用次數

LINE官方帳號可以發放LINE專用的優惠券，有時也可將優惠券的使用次數設為KPI的項目之一。

如果是以促使對方再次光臨為目的，可以發放「僅限第二次光臨的顧客使用！」的優惠券，這樣只要計算實際在店面使用這張優惠券的人數，就能得知因為LINE而再次光臨的顧客有多少人。

請將上述項目與經營目的互相對照，並為自家公司的官方帳號設定適當的KPI。

LINE官方帳號的收費方式

▶ 基本上不需任何初始費用

　　LINE官方帳號最初是以「**LINE@**」的名義提供相關服務。由於LINE@已整合到LINE官方帳號中，並變更名稱，因此運用LINE@的服務已在2019年8月便直接移到LINE官方帳號使用。

　　LINE官方帳號有免費的方案也有收費方案，不論哪一種，**開設帳號時都不需支付初始費用。**

　　每月方案分為以下3種類型，可使用的功能不會依方案不同而有所差異。

> ◦ 輕用量：固定月費免費
> ◦ 中用量：固定月費 800 元
> ◦ 高用量：固定月費 4000 元

　　方案費用的差異在於訊息則數。一個月可發送的訊息數量會依方案而不同。訊息則數是以3格對話框為一則訊息來計算。各方案的差異如下所示。

＜免費方案＞

- 一個月可發送500則訊息
- 無法發送加購訊息。發送超過500則訊息時，必須更改為付費方案
- 剩餘訊息則數不可移轉

＜中用量方案＞

・一個月最多可發送4000則訊息

・可發送加購訊息，每則0.2元

＜高用量方案＞

・一個月最多可發送25000則訊息

・發送加購訊息時，每則以0.15元起降

・加購訊息的發送數愈多，單一訊息的單價就愈低

　　舉例來說，假設每週發1次訊息，每個月發4次訊息，可免費發送訊息的人數會依方案而出現下列差異。

＜免費方案＞

500則÷4則＝125人

＜中用量方案＞

4000則÷4則＝1000人

＜高用量方案＞

25000則÷4則＝6250人

　　在LINE官方帳號上，並不是所有訊息都要付費。請事先掌握哪些訊息需要付費，然後一邊統計人數，一邊發送訊息。

＜付費訊息＞

群發訊息、分眾訊息、Messaging API的「Push API」

＜非付費訊息＞

一對一聊天訊息／自動回應訊息／關鍵字回應訊息／歡迎訊息／
Messaging API的「Reply API」

　　將付費訊息與非付費訊息靈活搭配使用，就能控制成本。建議定期
審視訊息發送的狀況，以節約費用開支。

先註冊免費方案，等到訊息則數增加
再改成付費方案吧！

4-3 開始經營 LINE 官方帳號的方法與應該事先知道的功能

▶ 輕輕鬆鬆就能開設 LINE 官方帳號

開設LINE官方帳號只需要10分鐘左右就能完成。（開設帳號網頁：https://tw.linebiz.com/account/）

只要點擊開設帳號網頁裡的**「免費開設帳號」**，在下一個頁面點擊**「建立帳號」**，即可開始辦理開設手續。

在註冊畫面必須登入自己目前使用的個人LINE帳號或使用電子郵件帳號註冊。使用個人LINE帳號註冊時，是藉由綁定個人LINE帳號與官方帳號來完成開設。

▶ 務必多加運用的 LINE 官方帳號功能

如前所述，LINE官方帳號有很多功能。LINE官方帳號附有數據分析的功能，代表能在管理頁面上操作的事務也增加了。其中有一些希望各位一定要使用的功能，接下來介紹給大家。

・訊息發送功能

訊息發送功能是一項基本的功能，可以向加入好友的使用者傳送訊息。利用這個功能，就能把新產品或新服務的資訊、促銷活動內容等直接傳遞給使用者。

圖 4-1 日本LINE官方帳號開設頁面

引用：https://www.linebiz.com/jp/signup/

・優惠券

可向加入好友的使用者發放折扣、優惠、兌換小禮物等的優惠券。優惠券可以透過聊天頁面或貼文串等方式發送。因為優惠券容易促進使用者實際購買產品或服務，所以最好定期發放。

・聊天

可與加入好友的使用者進行一對一聊天，也可以在用戶聊天室發送訊息。這個功能可用於用戶諮詢、受理預約等方面，也能用來取代電話客服。

其他還有自動回應訊息、關鍵字回應訊息、圖文訊息、進階影片訊息等各種功能。在確認經營目的的同時，不妨靈活運用這些功能吧。

4-4　3 種企業帳號中，推薦使用認證官方帳號

▶ 依帳號類型的不同，可享有的好處也會不同

　　LINE官方帳號有3種企業帳號：企業官方帳號、認證官方帳號、一般官方帳號。接下來會一一加以說明。

・企業官方帳號（綠盾）

　　在通過LINE公司審核的認證優質帳號中，只有**通過特殊審核的帳號**才可以取得這項認證。雖然優點是可以享有各式各樣的功能，但企業官方帳號的取得方式與審核標準都是不公開的。

・認證官方帳號（藍盾）

　　通過LINE公司審核的正式帳號。獲得這項認證的帳號也會顯示在LINE應用程式裡的搜尋結果。**與企業官方帳號相同，取得認證後會享有各種好處。**

・一般官方帳號（灰盾）

　　不限個人或法人，任何人都能取得的帳號。基本功能與認證官方帳號一樣，如有需要，可更改為付費方案或專屬ID（一種付費方案，能將ID改成自己喜歡的文字內容）。

圖 4-2　日版各盾章簡介

種別	概要
🛡 プレミアムアカウント	当社所定の審査を通過することで、アカウントバッジが付与され、LINEアプリ内での検索結果にも露出されるようになります。さらに一部の機能や決済手段などが拡張されます。
🛡 認証済アカウント	※LINEがそのサービスを支持するかどうかとは関係ありません
🛡 未認証アカウント	個人・法人間わず、誰でも取得出来るアカウントです。基本機能は認証済アカウントと変わらず、有料プランへの変更・プレミアムIDの購入も可能です。

引用：https://www.linebiz.com/jp/service/line-official-account/account-type/

▶ 認證官方帳號享有各種好處

在商務方面應用LINE官方帳號時，建議以「認證官方帳號」來經營。畢竟審核通過的門檻不高，又享有各種好處。

認證官方帳號可使用以下功能。

> ☑ 可成為 LINE 應用程式裡「好友」名單的搜尋對象，
> 有機會藉此獲得好友
> ☑ 可運用電子商務服務「LINE 口袋商店」，
> 打造專屬線上商城
> ☑ 可在 LINE 上顯示「加好友廣告」，引導使用者加入好友
> ☑ 可使用 LINE 角色海報在實體店內宣傳
> ☑ 可獲得鄰近店家地圖「LINE 熱點」的曝光機會

▶ 認證官方帳號的申請方式

申請認證官方帳號有2種方法，一種是在LINE官方帳號開設時申請，另一種則是在管理頁面申請。

圖 4-3 LINE官方帳號管理頁面

引用：https://manager.line.biz/

經由管理頁面申請時，需登入「LINE Official Account Manager（LINE官方帳號管理頁面）」（https://manager.line.biz/），點擊頁面右上角的「免費開設帳號」進入申請流程。

▶ 申請認證官方帳號的注意事項

申請認證官方帳號時，有幾點必須多加留意。請確認過以下內容再申請認證。

・把帳號名稱設定為店家（企業）正式名稱

審核通過後不可更改帳號名稱。完成認證的帳號在搜尋時的關鍵字是帳號名稱，所以請依此原則為帳號命名。帳號名稱不可與申請人姓名相同，也不可讓人看出是個人。

· **輸入正確的E-mail、聯絡電話和申請人姓名**

　　申請人姓名請輸入自己的全名，不可輸入公司名稱。由於有時會以電子郵件或電話確認申請人是否為本人，因此請確保自己輸入的E-mail和聯絡電話正確無誤。E-mail最好使用公司E-mail信箱或刊登在公司官網上的電子郵件地址，不要填寫免費電子郵件信箱。

· **審核需5～10個工作日**

　　LINE官方不會回覆與審核狀況有關的詢問。

· **企業官網、社群平台等資訊，可在公司網站欄輸入**

　　除了上述提到的網址外，也可輸入預約網站或其他資訊網站的店家資訊頁。

　　申請認證官方帳號後，在審核結果出來之前都可以使用一般官方帳號的功能，請放心。

依行業不同，有時也會出現無法滿足認證標準的情況……。可申請認證帳號的行業以申請表上出現的業種為主！

※LINE 官方帳號使用條款
（https://terms2.line.me/official_account_terms_tw）

4-5 ▸ LINE 的各種貼文圖片尺寸

▶ 需注意圖片解析度

　　LINE官方帳號有規定發送訊息時可使用圖片的位置，總共有3個地方，以下一一說明。

　　◦ 聊天訊息畫面
　　◦ 圖文訊息
　　◦ 圖文選單

---

①聊天訊息畫面

　　聊天頁面的圖片只要小於10MB就能正常顯示。圖片的顯示尺寸會比後面提到的圖文訊息稍微小一點，點擊則可放大圖片。由於適合發送要放大觀看的圖像，因此可用來傳送產品或服務的傳單等等。圖片像素沒有特別規定，不過**控制在最大1200像素左右，顯示的圖片最為清晰漂亮**。

②圖文訊息

　　圖文訊息會顯示出占滿整個聊天頁面寬度的大圖。想跳轉到設定的連結網址時，點擊圖片就能開啟連結網址。**建議使用1040像素×1040像素，檔案小於10MB的圖片**。

③圖文選單

　　固定顯示在聊天頁面下方的**圖文選單**，不管按鈕有幾個都要準備一整張的圖片。雖然圖文選單的指定尺寸會因圖片大小而異，但建議最好將圖片的大小控制在1MB以下。

大圖：1200像素×810像素（最適）

（2500像素×1686像素、800像素×540像素也OK）

小圖：1200像素×405像素（最適）

（2500像素×843像素、800像素×270像素也OK）

　　另外，**將圖片的解析度設定為72dpi較為適當，這一點所有圖片都是一樣的**。解析度就算更高也沒有太大意義。而且如果使用的圖片解析度太高，還有可能會被壓縮，所以請多加留意。**使用的檔案格式是JPG或是PNG**。PDF、PPT、Excel或是Word都必須先更改檔案格式才能使用。

　　圖文選單有提供已經分割好的版型，可隨自身喜好選擇使用。大型版型有7種，小型版型則有5種。由於每一個區塊都可以分別設定點擊之後的動作，因此建議好好地加

圖 4-4　圖文選單

引用：https://www.linebiz.com/jp/column/
technique/20180731-01/

125

以規劃，可以放上優惠券、集點卡，或是刊登新產品或新服務的資訊等等。

這些之前都只能在網頁版進行設定，不過從2020年10月開始，手機應用程式的管理頁面也可以進行相關設定。由於手機版和電腦版的設定方式有些地方不太一樣，因此建議最好事先進行確認。可以選擇與網頁版相同的版型。

圖 4-5 手機版管理頁面

▶ 試著自己製作並上傳圖文選單的圖片

圖文訊息和圖文選單的圖片都可以自行製作。製作方式有好幾種，不過這裡要介紹的是用PowerPoint繪製圖片的方法。

第一步是先決定好要使用的模板，而這個模板將會成為圖片的基礎框架。

①在空白投影片上畫一個長方形（圖案）。從「插入」選單中點選圖案，接著選擇長方形將其拖曳到投影片上。

②對著長方形點擊右鍵，選擇「設定圖形格式」後，右側便會出現格式選單。

③點擊選單裡的「大小與屬性」，出現選單之後選擇「大小」。

④更改尺寸大小，並勾選「鎖定長寬比」。參考圖片所需尺寸輸入高度

和寬度。

最方便使用的長方形尺寸如下，不過也可能會因為作業環境不同而有所差異。

大型圖文選單：高度16.86cm　寬度25cm

小型圖文選單：高度8.43cm　寬度25cm

輸入數值之後勾選「鎖定長寬比」，這樣圖片的整體長寬比才不會跑掉。

外框的設定到這裡就完成了。請以同樣的方式製作圖文選單的各個區塊。

逐一完成圖片之後，再用小畫家把這些圖片合併成一張圖，放入外框中。用PowerPoint製作的圖，只不過是一個一個的單位。文字是文字，圖片是圖片，每一個單位都各自獨立。所以接下來要用這些單位製作出一張完整的圖片。請按照下一頁的步驟操作。

圖 4-6　利用PowerPoint製作模板圖片

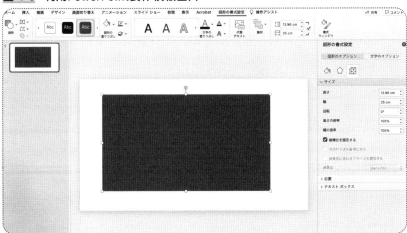

①長按左鍵，全選所有圖案

②在選取狀態下，同時按下Ctrl＋C（複製）

③開啟小畫家，使用Ctrl＋V貼上圖案

④儲存圖片（檔案的副檔名為「.png」）

這樣就做好圖文選單的圖片了。接下來要讓圖片尺寸跟選取的版型尺寸一致。這裡所使用的單位是「像素」。請把圖片尺寸調整成LINE要求的檔案尺寸「1MB以下」。

接下來就把做好的圖片上傳吧。

①登入LINE官方帳號

②選擇圖文選單，點擊「建立」按鈕

③在內容設定點選「選擇版型」

④接著「上傳背景圖片」就可以選擇了，使用滑鼠點擊按鈕（可上傳圖片）

⑤畫面會顯示可對應各區塊的「動作」→選擇「連結」輸入網址。也可以選擇優惠券或文字

⑥輸入標題與使用期間等資訊

⑦在LINE官方帳號的頁面確認圖片顯示效果

圖 4-7　圖文選單的版型

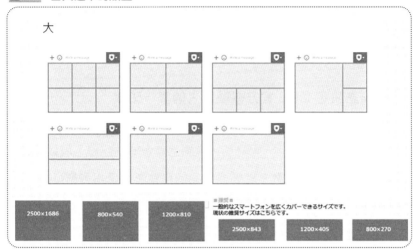

　　雖然看起來好像很難，不過也有很多人實際操作之後發現其實很簡
單。建議定期更換圖文選單。可隨著季節為選單換季，這樣造訪帳號的
使用者就能感受到季節變化，也會對品牌產生親近感。

歡迎訊息的設定

▶ 歡迎訊息決定 LINE 官方帳號給人的第一印象

歡迎訊息是使用者加入好友後第一個發送的訊息，也就是所謂的「Welcome Message」。因為加入後馬上就會傳送訊息，所以是**使用者閱讀可能性很高的訊息**。歡迎訊息的內容**會影響使用者對LINE官方帳號的印象**，請務必仔細斟酌內容後再進行設定。

歡迎訊息可利用「3格500字對話框」的形式發送。文字自然不用說，**也能夠傳送圖片與影片**。建議藉此機會，以清楚易懂的方式介紹帳號本身、此帳號傳送的訊息內容，以及使用者可在這個帳號內執行的操作等等。隨著歡迎訊息一起發放首購限定的優惠券、集點卡或限定折扣資訊，也是不錯的做法。

歡迎訊息可以免費發送。能夠以歡迎訊息發送的訊息有下列10種。

・文字

最重要的是，要向對方傳達加入好友的感激之情。文字訊息裡也可以放入商品頁面之類的連結。如果想促使對方購買或預約下訂，建議附上連結，以便引導對方進行下一個動作。

圖 4-8　歡迎訊息範例

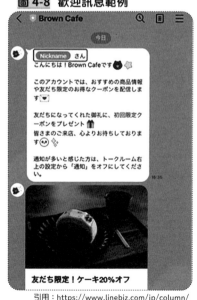

引用：https://www.linebiz.com/jp/column/technique/aisatsu-message/

130

・貼圖

發送帶有歡迎感的貼圖，便能傳達歡迎對方加入的愉悅心情。

・圖片或照片

要是有產品或服務的形象圖或是照片等等，可以和文字一起發送。

・影片

亦能發送影片。如果是企業或店家的環境氛圍、使用商品時的注意事項等資訊，透過影片來傳達可能會更好理解。有的還會製作成簡單的講座影片，當成加入好友的小禮物。影片檔案大小，請控制在200MB以下。

・語音訊息

無法露臉的時候，也可以使用只有聲音的語音訊息。

・圖文訊息

可以在畫面上設置連結。透過製作附文字的圖片，就能同時送出圖片與文字。這麼一來只要發一則訊息就好，而且接收者可能也比較容易看懂。

・進階影片訊息

動作按鈕（連結）可設置在影片上。只要設定好預約網頁、諮詢頁面或商品介紹頁的連結，就會更容易觸發使用者採取下一步行動。動作按鈕的文字可以從以下13種中選擇。

> 詳細資訊請點擊／安裝／購買／預約／報名／申請／參加／
> 投票／尋找店家／諮詢服務請點擊／索取資料／觀看其他影
> 片／輸入其他20個字以內的文章

・優惠券

把優惠券當成加好友的小禮物也頗有成效。因為必須在設定歡迎訊息前做好優惠券，所以要特別注意。

・問卷調查

問卷調查的常見用法是搭配發放優惠券，例如「回答這份問卷的人可獲得優惠券」等等。利用問卷調查使用者對LINE官方帳號有什麼期待也是一個好方法，這是一個能聽到使用者真實心聲的機會。

・多頁訊息

就是將商品價格、地圖（位置資訊）、人物照片等資訊與文字一起發送的功能。想要以視覺方式傳達這些資訊時，只要活用多頁訊息就能讓效果更上層樓。多頁訊息共有4種，請按照自身需要區分使用。

> ①商品服務（以商品價格和商品圖片為主）
> ②地點（以位置資訊為主）
> ③人物（以人物資訊為主）
> ④影像（想以其他資訊為主時使用）

▶ 設計出讓讀者便於採取行動的版面

　　歡迎訊息可發揮重要作用，請務必善加利用。要思考如何有效使用換行及表情符號等，設計出讓讀者想採取下一步行動的版面。

　　透過LINE官方帳號免費贈送禮物也有不錯的效果。即使知道好友數，LINE官方帳號也無法針對單一使用者進行溝通。如果想與使用者交流，就必須由使用者主動採取行動，發送貼圖或訊息等等。

　　「發送貼圖便贈送小禮物」、「只要回覆訊息，就可以獲得獨家禮物」等等，**請想出一個容易讓使用者採取行動的歡迎訊息。**

4-7 應該在 LINE 官方帳號發布什麼樣的內容？

▶ 發揮吸引老主顧的優勢

在Twitter和Instagram上，宣傳色彩強烈的資訊往往容易被使用者略過不看。在這一點上，加入LINE官方帳號的使用者，其屬性大多是既有的顧客或熟客。當考慮到LINE給人沒什麼距離感的特性後，**若能善用在讓顧客再度光顧的情況增加，或是藉此達到獲得老主顧的目的，或許很快就可以得出成果。**

因此，運用LINE官方帳號發送具有明確宣傳色彩的訊息，是一種很有效的方法。請善用其發送促銷活動資訊、提供來店禮，以及發布產品或服務的上市通知吧。

▶ 訊息開封率比電子報更高

LINE官方帳號發送的訊息，不管是**開封率和反應率都比電子報等媒體更高**。為了充分利用這一點，持續向使用者傳送有直接價值的資訊很重要。

還有一種方法是發送特賣活動、LINE獨家限定活動、新商品或服務發表會的倒數通知等訊息。操作方法是在第一次通知時只簡單介紹新產品或服務的內容，再適時地慢慢釋出相關資訊。

具體來說，操作流程如右頁所示。

。發布 1 週前首度告知

↓

。發布 3 天前首次提醒

↓

。發布前一天最終提醒

除此之外,也可以發布一些限定訊息,讓使用者有一種被特殊對待的感覺。

LINE官方帳號**亦有針對特定屬性族群發送訊息的功能**,例如「僅限女性」、「僅限年齡20～29歲者」、「僅限Android使用者」、「僅限大阪居民」等等。

這個篩選設定可在訊息編輯頁面操作,請一定要試看看。

LINE 官方帳號的強項就是
可以將資訊直接傳遞給使用者!

4-8 發送訊息的最佳頻率

▶ 瞄準目標客群的時間空檔發送訊息

從LINE使用者的角度來看，LINE官方帳號很容易加入使用，也很容易封鎖，因此被使用者封鎖的風險總是很高。

由於使用者大多是利用時間空檔查看LINE的訊息，因此在發送訊息時，必須把目標客群的生活型態作為設定目標，並**多用心思安排效益最高的發送時間和頻率**。

▶ 在目標客群的時間空檔，以一週發一次訊息效果最好

不同目標客群，時間的空檔也很不一樣。

舉例來說，如果目標客群是家庭主婦，下午2點到4點左右發訊息或許很適合；如果是搭乘電車通勤的上班族，配合他們早上與傍晚的通勤時間發布訊息更能增加開封率。以星期來考慮的話，家庭主婦平日較容易抽出空檔，至於通勤上班族的話，相較於一週開始的星期一，愈接近星期五可能會有較充裕的時間。

目標客群是如何度過每一天的？哪個時段是他們可能可以滑手機的空檔？這些都需要透過想像和調查來加以研究。

就算決定定期發訊息，也應該避免一週發送太多訊息。過於頻繁地送出訊息容易讓使用者覺得厭煩，被封鎖的機率也會提高。配合使用者的生活節奏設定發送訊息的時間，在這個前提之下，**一個月發送4～5次，即一週一次左右的頻率最為適當**。

▶ 避免被其他帳號的訊息淹沒

當然，目標客群會隨著商品或服務的特性及行業而異。在請對方加入LINE官方帳號好友之際，試著利用問卷功能詢問對方方便看訊息的時段也是一種方式。

另外，不妨稍微錯開發送訊息的時間。幾乎每個帳號都傾向把發送時間設定成「整點」這種「事情剛好告一段落的時間」。據說餐飲店多在中午11點或12點發訊息，新聞類資訊則多在下午6點發送。

要是各種帳號的資訊一起發布，即使好不容易發送了訊息，也有可能被淹沒在其他的訊息中。 因此只要稍微錯開時間，例如在「○點10分」發送訊息，說不定就能提高使用者點開瀏覽的機率。

在發送訊息次數與發送時間上多花點心思，也有助於提升用戶的忠誠度。請一邊想像目標使用者的行動模式，一邊思考發送訊息的次數和時間。

▶ 所有方案都可以免費使用集點卡

　　LINE官方帳號有集點卡功能，這是一種能夠在LINE上進行集點的功能。如果是LINE的集點卡，只要有智慧型手機就可以集點，因此不太會出現卡片遺失或忘在家裡的情況。而且在點數快過期時還會通知使用者，透過這樣的機制也能有效避免點數失效。

　　在LINE的所有方案中都能免費使用集點卡功能，可藉此在LINE官方帳號上發行與管理集點卡，發放張數也沒有任何限制。對於之前會印製紙本集點卡的店家來說，這個功能也能壓低製作卡片的成本。

▶ 有效招攬顧客並留住老主顧

　　企業使用集點卡功能的優點，在於**能夠有效促使顧客再次光顧或消費**。

　　集點贈品內容可由企業自行設定。建議除了發放點數之外，也要提供一些符合顧客需求的優惠，例如免費贈送一杯飲料或是折價券等等。另外，推出集點活動還可增加好友人數。舉例來說，在店裡建議顧客使用集點卡時，因為必須加入LINE官方帳號好友，所以可以很自然地引導他們。

　　結帳時用手機掃描QR Code即可獲得點數。由於防止不當使用的機制也在不斷進化，因此店家可採取各式各樣的策略來應對，像是一天限集點一次，或是對可再次獲得點數的時間加以限制等等。

▶ 設定集點卡

集點卡可以從LINE官方帳號的管理頁面「LINE Official Account Manager」進行設定。請從選單中選擇「集點卡」，並在設定畫面的必要欄位中輸入所需資訊。

圖 4-9　集點卡

引用：https://official-blog-ja.line.me/
archives/45991130.html

・樣式

可從10種設計中選擇。

・集滿所需點數

可以在1～50的範圍內自由設定可獲得獎勵的所需點數。

・滿點禮／額外獎勵

設定要給使用者的特別贈禮內容。「優惠券」有3種樣式的設計可供選擇，必須設定好優惠券名稱、使用說明及優惠券有效期限。在使用者達成集點卡預設的目標點數前，「額外獎勵」可按照集點數量發放特別贈體。換句話說，如果集點目標是20點的話，在成功集到10點或15點時也會給予小禮物。

・集點卡有效期限

可隨意設定期間，例如以首次使用日期或最後一次使用的日期開始計算，也可以不設任何期限。

·有效期限提醒

可設定一個時間點，通知使用者點數的有效期限將近。

·取卡回饋點數

可在使用者一開始集點時，設定要贈送多少點數。點數可在0～50的範圍內自由選擇。

·連續取得點數限制

防範不當使用的功能之一。可以從「不設限」、「同一天內不重複發放點數給同一位顧客」，以及「於指定時間內不重複發放點數給同一位顧客」3個選項裡進行選擇。亦可選擇指定時間。此外，還能夠設定QR Code的掃描期限，或是距離指定位置一定距離以上就不能掃描QR Code等限制。

·使用說明

提供給使用者的文字說明。有範本可用，也可自行編排內容。請在這個欄位記載集點卡的使用規定等店家規則。

·升級集點卡設定

點數集滿後建立的下一張卡稱為「升級集點卡」。這種集點卡可參照一般集點卡的相同項目製作。可更改的項目是樣式、集滿所需點數、滿點禮及額外獎勵。也能設定「贈送來店消費次數多的顧客小禮物」。

集點卡設定完成後，接著準備好QR Code，為使用者介紹如何使用集點卡吧。為了讓使用者能順利開始使用，必須多下點功夫，例如讓實

體店鋪的員工都能好好說明，準備簡單易懂的店頭海報或資料，**能多一人是一人，讓更多的使用者都能順利開始集點**。

集點禮通常是免費券或折扣優惠。
獎品愈豪華，回頭客就有可能愈多！

4-10 好好活用優惠券吧！

▶ 可輕鬆發放優惠券

　　LINE官方帳號的優惠券也是一個可以善加利用的便利功能。**優惠券的發放不僅能促進使用者再次光臨和重複消費，還能避免被使用者封鎖。**尤其是「僅限LINE好友使用」等只有在LINE上成為好友才能拿到的優惠券，可以營造出一種限量感，有助於建立彼此之間的關係，避免被使用者封鎖或刪除。

▶ 優惠券設定方法

　　優惠券可從管理頁面進行設定。以下9個項目都必須設定，請按照順序一一填寫。

・優惠券名稱

　　設定優惠券的名字，最好是能讓使用者清楚知道優惠內容或好處的名稱。

・有效期限

　　能夠以分鐘為單位設定開始日期和結束日期。到達結束日期時，優惠券會自動失效。

・圖片

可上傳一張圖片當成優惠券的標頭圖片，大小為10 MB以下。請選用令人印象深刻的圖片，讓使用者在聊天頁面看到的當下，馬上就能想到優惠內容。

・使用說明

此欄位可以標示優惠券使用注意事項，請務必刊載使用規範以執行風險管理。

・抽獎

這個功能可以讓使用者進行抽獎，並自動向中獎者發放優惠券。有了抽獎功能就能提高優惠券的價值。中獎機率可在1～99％的範圍內自由設定，還能設定中獎人數及人數有無上限。

・公開範圍

可從「所有人」、「僅限好友」這2種選項中，選擇優惠券的發送範圍。如果選擇「所有人」就有可能會在LINE使用者之間傳播開來，可以期待優惠券達到吸引顧客上門的效果。以此為契機加入好友的可能性也很高。

・可使用次數

可選擇優惠券的使用次數。有「僅限一次」和「不限次數」2種。

・優惠券序號

這是指使用者在兌換優惠券時出示的序號，最多可設定16個字。

‧優惠券類型

可從「折扣」、「免費」、「贈品」、「現金回饋」與「其他」當中選擇。優惠券的顏色會依不同類型而改變。

優惠券可以透過以下方式發放。

◦ 歡迎訊息

◦ 訊息發送（包括圖文訊息）

◦ 圖文選單

◦ 問卷調查（回答問卷的贈禮）

◦ LINE VOOM（原貼文串）

◦ 關鍵字回應訊息

LINE的優惠券也有內建分析功能。這個功能會顯示獲得優惠券的「管道」、「已開封的用戶」、「頁面瀏覽數」、「已領取的用戶」、「已使用的用戶」數量，所以可用來追蹤成效。

善用優惠券功能，可以使對方更容易感受到繼續當好友的好處，**還有助於直接招攬顧客和提高顧客忠誠度，因此請積極利用。**

4-11 ▶ 運用新功能「LINE VOOM」

▶ 使用方式類似 TikTok 和 Instagram 的連續短片

LINE VOOM是一個以影片為中心的內容平台。它也能用文字或圖片發表貼文，和其他社群網站一樣，使用者可以對文章「按讚」、「回應」或進行追蹤，因此可期待LINE VOOM吸引新的使用者加入。

LINE貼文串的追蹤對象是「好友」，而LINE VOOM則是**可以瀏覽好友以外的使用者的貼文**。另外，貼文串的貼文並非計量付費的項目，LINE VOOM也維持這一點，可以免費且不限次數地發文。

▶ 試著將其他社群網站的貼文挪來使用

LINE VOOM的主要內容是短影片，這與TikTok和Instagram的連續短片很類似。如果手上有為TikTok或Instagram的連續短片製作的庫存影片，也很建議直接拿到這裡使用。

不如說因為LINE VOOM仍是一個很新的功能，所以與其為它量身製作影片，還不如**把那些為TikTok或Instagram的連續短片製作的內容挪用過來，在不耗費太多力氣的狀態下，一邊觀察情況，現階段這麼做或許更為明智。**

畢竟全力投入所有社群網站的經營是很耗費精力的事，所以按照優先順序來考量內容，在社群行銷上也是一大重點。

4-12 ▶ LINE廣告與分析功能

▶ 特色是可向廣大使用者發送廣告

LINE還具有廣告投放功能。不管怎麼說，LINE的優勢就是擁有廣泛的使用者。**因為LINE是囊括各個年齡層的社群平台，所以能向廣大的使用者投放廣告。**而且也可利用廣告增加LINE官方帳號的好友。

LINE廣告推出種類眾多的服務，並提供許多廣告投放的功能，請依照自身的用途和目的善加運用。

最典型的就是聊天列表置頂廣告（Smart Channel）。點擊廣告可連結到購物網站或登陸頁面，適用於大規模的宣傳活動。

同時，除了LINE應用程式的「LINE TODAY」新聞列表之外，也能在超過300家內容媒體的文章列表上顯示廣告。

其他還可以在LINE VOOM、LINE錢包、LINE POINTS、LINE熱點及LINE旅遊等眾多LINE相關服務上刊登廣告。與其他社群平台一樣可以小額投放廣告，這一點令人很高興。

圖 4-10　聊天列表的廣告

朝日啤酒「The Rich 贅沢釀造」廣告

▶ 必須另外開設廣告帳號

以在LINE上投放廣告的大致流程來說，第一步是先**開設廣告帳號**。此時請建立一個LINE商用ID，並註冊登入。

圖 4-11　管理頁面的分析工具

引用：https://www.linebiz.com/jp/

開設帳號後，進入頁面填寫希望刊登廣告的媒體、素材、登陸頁面並送審。一旦審查通過、得以刊登廣告，就會從登記的廣告刊登時間開始投放廣告。

在日本，能在被視為基礎設施的LINE上刊登廣告是行銷的一大利器。如果想要達成善用LINE官方帳號的目的，請務必多加利用。

▶ 嘗試使用分析工具

除此之外，LINE官方帳號還內建了一套詳盡的分析功能。可以在管理頁面上檢視各式各樣的數據，不需要第三方分析工具，所以請務必點開管理頁面的「分析」標籤查看。

只要看過的人便會知道，管理頁面本身的介面設計也很容易上手，只要把滑鼠懸停在每個項目旁邊的「？」上，就會顯示該項目的介紹說

第4章 充分運用LINE吧！

147

明，介面右上方也有「○○的含義」等說明頁面。

　　按照功能和資料的不同，還可以下載CSV形式的數據，在需要向公司內部報告LINE官方帳號的經營狀況時非常方便。

　　由於採用直覺式設計的介面，只要進入點選很快就能上手，因此對於定期分析使用狀況，改善LINE官方帳號的經營手法也很有幫助。

透過使用分析工具促進
PDCA 循環（規劃、執行、檢查、行動）！

第 **5** 章

充分運用
YouTube吧！

5-1 ▶ YouTube的現況

▶ 所有國家、地區和世代的人都在使用

全世界每個月有超過20億使用者在使用YouTube。平均每天的影片觀看時間超過10億小時,觀看次數更是高達數10億次之多。

Google公司在2016年公布的數據顯示,YouTube在日本的使用率為77%。從年齡層來看,15～19歲的使用者占了90%,可見年輕使用者居多;然而使用率最低的50～59歲者也占了70%左右,這代表所有年齡層都喜歡使用YouTube。

▶ 逐漸成為替代電視的媒體

與其他社群網站一樣,新冠疫情也使得YouTube的使用者數量大大增加。**居家防疫的時間大幅增加被認為是YouTube受到廣泛注意且迅速普及的原因。**

同時,有愈來愈多的人在電視上觀看YouTube,即使是不支援播放YouTube的電視,也可以透過使用遊戲機或是Fire TV Stick這種可連接電視的影像輸出設備,在電視上輕鬆觀看YouTube。受此影響,電視的收視時間逐漸減少,網路廣告在日本國內的總廣告費用也已經超過了電視廣告。

▶ 以在智慧型手機等行動裝置上觀看為主

話雖如此,YouTube的總播放時間有70%以上都是透過行動裝置

來觀看。

畢竟用智慧型手機觀看影片不受地點限制，比電視和電腦更能輕鬆觀看，這也是它的魅力所在。或許是受到這一點的影響，Instagram與Facebook等社群網站的使用率在30～40％左右，可是YouTube的使用率竟然高達85.4％（日本總務省《令和2（2020）年度資訊通訊媒體使用時間與資訊行為相關調查報告書》）。YouTube的使用率甚至與號稱國民應用程式的LINE相媲美，**說不定也可以說YouTube是一個國民社群平台**。

現在YouTube已逐漸紮根於一般人的生活中，成為人們生活上不可或缺的工具。

▶ 5G 的擴大使用將帶來更好的發展條件

由於日本在2020年3月啟動5G通訊，預計今後影片市場將會更進一步地擴大和普及。畢竟**使用5G通訊，可比現在更能隨時隨地觀賞高畫質的影片**。

一般認為在上班上學的通車時間較長的日本，5G所帶來的影響很大；YouTube作為一個人們利用時間空檔享受影音娛樂不可或缺的社群網站，其成長令人期待。

據說 YouTube 是繼 Google 之後的世界第二大網站呢！（※）

※Visual Capitalist 公司 2019 年 6 月的調查結果
（https://www.visualcapitalist.com/ranking-the-top-100-websites-in-the-world/）

此外，工作方式改革促進了遠距工作的發展、知名藝人與名人紛紛進軍YouTube、YouTube獨家播映的電視劇、藝術家利用YouTube舉辦收費直播等，這樣的情況應該也會愈來愈多，可以說在未來一段時間內，YouTube暫時都不會出現使用者人數或影片觀看時間減少的問題。

▶ 內容早已飽和，難以應用在商業上

儘管YouTube擁有如此強大的影響力，但是我認為，**在商業方面，YouTube的應用難度遠比其他社群網站高得多**。原因在於，製作一部能讓用戶樂在其中的影片並不是那麼簡單的事情。

不同於在Twitter和Instagram上發布影片，YouTube影片的剪輯需要有一定程度的技術與知識。而且目前YouTube上早就充滿了有趣的內容，熟悉這些內容的使用者，他們的胃口已經被養大了。人們對影片內容的要求和電視一樣高，甚至還更高，因此不難想像，要滿足這種需求，需要**耗費大量的人力、金錢和時間**。

▶ 建議採用與其他媒體連動的輔助使用方式

在商業應用上，YouTube主要是與其他社群網站互相搭配。例如在與TikTok搭配使用時，也很常看到先節錄一小段影片在TikTok上發布，再把整支影片上傳到YouTube，藉此來引導流量。

此外，愈來愈多人將YouTube當作引線，引導使用者前往提供更多核心資訊的社群或付費線上沙龍，而愈來愈多的企業帳號為了提高顧客滿意度，**從追蹤消費者購買產品後的使用狀況與提供後續服務的角度出發，都會好好地利用YouTube頻道**。

▶ 擊中目標受眾的效果顯著，但卻很難應用

綜上所述，YouTube在商業上的應用範圍可說是愈來愈廣，其所帶來的影響也相當大。因此雖然經營頻道有其價值，但**跟其他社群網站比起來需要花費更多精力，也很難馬上取得成果。**

雖然還要視目標客群、行業及所經手的產品或服務種類而定，但如果無法充分運用所有社群平台的話，最好暫時別碰YouTube的經營。不妨一開始先在其他社群網站上好好累積經驗，要是之後還是需要利用到YouTube，再開始著手經營。

5-2 YouTube的演算法

▶ 根據使用者的喜好顯示內容

YouTube的**目標是盡可能地延長使用者停留在平台上的時間**。它會基於使用者過去看過的影片、留言與喜歡（好評）等回饋來分析使用者的需求，並在「推薦內容」的欄位顯示其他影片，讓使用者可以在看完一支影片後直接跳轉到另一支影片。

演算法的作用是配合每一位使用者的喜好，使推薦影片的內容最佳化。只要瞭解YouTube的演算法就有助於制定對策，藉以增加頻道訂閱人數和觀看時間，所以在開始經營YouTube帳號的時候，一定要對其機制有一定的理解。

▶ 認識 YouTube 演算法的八大重點

YouTube的演算法會根據以下8個項目給予影片評價，並將其反映在搜尋結果和相關內容的曝光上。

①影片與關鍵字的關聯性

YouTube會判斷影片和搜尋關鍵字之間的關聯性，並將其反映在結果中。用以做出評斷的依據為影片標題、標籤、影片描述、字幕等。

②影片的總觀看時間

YouTube很重視使用者在YouTube上停留的時間。因此總觀看時

間比觀看次數更加重要，而且觀看時間愈長，評分愈高。舉例來說，一支10分鐘的影片被播放3次，以及一支3分鐘的影片被播放10次，兩者的評分是相同的。

③頻道訂閱人數

熱門影片的評斷標準之一是有大量的頻道訂閱人數。只要被認定受歡迎，就很容顯示在相關內容的列表中。順帶一提，如果滿足「頻道訂閱人數1000人」、「過去12個月的影片總觀看時間為4000小時」等條件，就可以讓YouTube頻道營利。

④影片長度

從TikTok和Instagram的連續短片興起，可看出近年來使用者有偏好短影音的傾向。太長的影片會被人敬而遠之，在觀看途中被關掉的情況也很多。雖然能用簡短的影片傳遞想表達的訊息是最好不過的事，但還是必須針對目標受眾樣貌及影片內容，個別討論各影片的適當長度。

⑤參與度

這是指使用者對影片表示喜歡、留言、儲存次數與進行分享。影片品質高不高通常都是以參與度來評斷，所以必須下功夫促使使用者採取行動，例如在影片中拜託觀眾按讚等等。此外，喜歡與不喜歡的比例比數量更重要。

⑥觀看次數（發布後24小時內的觀看次數）

影片發布後到觀眾第一次播放的時間愈短，就代表這支影片愈受到使用者矚目。發布後24小時內的觀看次數在日本稱為「初速」。影片

被評為受歡迎的影片時，會被顯示在發燒影片或推薦影片的欄位中。另外，如果有多支內容相似的影片，播放次數多的影片更容易得到好評。

⑦平均觀看時長

這是指單次觀看的平均播放時間。舉例來說，如果縮圖和影片內容的差異很大，觀眾在點擊之後就會立刻關掉，因而降低影片的平均觀看時長。

⑧點閱率

這是指影片點擊次數與曝光次數的比例。點閱率高會被評定為觀眾所搜尋的影片。點閱率一般為3～8％，超過10％就算很高了。

請牢記以上8項內容來製作影片吧。

▶ 主動隱藏倒讚數的 YouTube

我想或許已經有人注意到這點：從2021年11月開始，YouTube就不再顯示影片的倒讚數了。雖然「不喜歡」的按鈕仍然存在，其數量對於影片是否出現在推薦內容欄位的影響依舊，但使用者已經看不到影片的倒讚數，YouTube將其修改成只有影片發布者才看得見數量的機制。

圖 5-1 YouTube的評價功能區

```
👍 2339    👎 低評価    ↗ 共有    ↓ オフライン    ☰+ 保存    …
```

實施這項對策是為了因應有人刻意增加倒讚數以達到「惡意騷擾」的行為。這項嘗試是希望透過隱藏影片倒讚數來保護創作者不被「惡意

騷擾」。

　　YouTube表示，雖然他們明白倒讚數是使用者觀看影片或訂閱頻道的判斷基準，但他們「相信這對YouTube來說是一項正確的選擇」，並宣布隱藏影片倒讚數是他們保護創作者的一項措施，未來亦將繼續致力於此。

網路上的誹謗中傷涉及妨害名譽、公然侮辱及恐嚇罪。絕對不可以這樣做喔！

5-3 品牌帳戶的創建

▶ **要以企業的身分經營就要申請「品牌帳戶」**

除了平常觀看影片時使用的個人帳戶之外，Google還有提供「品牌帳戶」。**要在商業上運用YouTube，或是以企業的身分經營YouTube時，建議使用品牌帳戶。**

個人帳戶與品牌帳戶分別有以下的特長。

<個人帳戶（預設）>

。基本用於觀看影片的Google帳戶

。一個帳戶只能擁有一個頻道

。頻道名稱為Google帳戶名稱

<品牌帳戶>

。專為商務人士設計的Google帳戶，可由多人共同管理

。一個帳戶可擁有多個頻道

。頻道名稱可自由更改

不管是個人帳戶或品牌帳戶都可以上傳製作好的影片。另外，請注意一點：只有在電腦上才能創建品牌帳戶，用智慧型手機或是平板電腦都不行。

▶ 設定個人資料與頻道圖片

建立帳戶與頻道並準備好**個人資料**後，就能正式開始經營YouTube頻道了。至於作為頻道門面的個人資料照片，設成公司的品牌Logo或產品Logo都是不錯的選擇。YouTube頻道名稱不要包含過多的資訊，要簡單易懂，令人容易記住。

另外，也請別忘記設定**頻道圖片**。頻道圖片是指顯示在頻道主頁上方的圖片，類似Twitter或Facebook的封面照片，多半都是把頻道名稱與照片、插圖放在背景圖上製成。

如果不確定頻道名稱和頻道圖片要怎麼命名和設計，可以參考競爭對手的頻道或是自己喜歡且常看的頻道。

關於個人資料與頻道圖片、縮圖等圖片尺寸，以及上傳影片的長寬比等細節，請到官方說明中心確認最新資訊。（https://support.google.com/youtube#topic=9257498）

縮圖決定觀眾是否點擊播放

▶ 縮圖決定影片的點閱率

影片縮圖是指上傳影片時，作為其封面的小尺寸圖片。名稱是來自英文單字的「thumbnail（拇指指甲）」，因為它的尺寸就像拇指指甲一樣小。

縮圖的作用是「影片的重點摘要」，可以協助使用者在看到影片的當下推測其內容。用雜誌來比喻的話，應該就是類似封面的存在。觀看YouTube的使用者會根據縮圖和標題來想像影片的內容，因此**可以說縮圖和標題決定了影片的點閱率與觀看次數**。

▶ 五大要點做出吸引人點擊的縮圖

想設計出容易被點擊的縮圖，必須注意以下5個要點。

①標題與縮圖放的文字要不一樣

幾乎所有的Youtube使用者都是先看縮圖，然後才會看向標題，所以請多費點心思，不要讓這兩處提供的資訊重複。文字太多的話通常會被使用者跳過不看，不太容易被點擊。**請將影片最想傳達的內容放進縮圖裡，並盡可能用簡短的句子來表達。**此外，據說加上具體的數字會更有效果。

例）「3分鐘就能看完這支影片」、「5分鐘快速上菜的料理」等等

②研究同類型或同業公司的影片縮圖

　　縮圖受不受歡迎會隨著影片的類型或類別而改變。

　　舉例來說，烹飪類的影片縮圖會使用料理完成圖來讓人對食譜或作法感興趣。如果影片的主題是針對經營者提供節稅策略，就把最多可以省下多少稅金的具體數字放在縮圖上，像這樣因應影片類型更改縮圖設計是很重要的事。如此一來，使用者才能在瞬間明白觀看這支影片對自己有什麼好處。

　　重點在於，縮圖能不能將「使用者可以從影片中獲得什麼成果（知識）」的訊息一目了然地表現出來。請仔細研究同類型或同業公司在這方面下的功夫，同時也要考慮目標受眾的喜好來設計。

③放在縮圖上的文字要清楚好辨識

　　縮圖裡的文字要有大小之分，並盡可能地放大。這也是考慮到用手機觀看影片的情況很多，所以光是字太小就有可能讓使用者的觀看意願下降。

　　此外，在移動時觀看影片的人很多，考量到這一點，在設計影片縮圖的文字大小與排版的時候，最好把「是否便於用手機觀看」這點放在心上。

　　不過如果把所有文字都放大，反而會很難閱讀，這點請務必注意。以日文來說，平假名小一點，漢字大一點，這樣會更好閱讀。另外，把影片最想傳達的部分或數字放大也頗有效果。

　　縮圖裡的字請控制在10～20個字左右，盡量別用太難的生僻字。還有文字顏色也請控制在3種左右。彩度過高的顏色與繽紛的用色往往容易讓使用者的眼睛感到疲勞，這一點也請充分納入考量。

④用心設計文字排版

縮圖右下角會顯示影片播放時間。因為用影片播放時間決定是否點開來看的使用者很多，所以一定要讓它顯示出來。

還有，請注意文字不要遮住縮圖想要呈現出的重點。例如在縮圖裡放人像時，要避免文字遮住人臉（別有用意的話除外）。

⑤縮圖必須符合YouTube的《社群規範》

請注意，如果影片縮圖含有以下內容，就有可能被視為違規而接獲警告。

- 裸露或性挑逗的內容
- 仇恨言論
- 暴力
- 有害且危險的內容

雖然我認為企業的品牌帳戶不會製作出含有上述要素的影片縮圖，但是依據表現方式的不同，有時還是有可能會產生誤解。因為這也會破壞企業的形象，所以請格外留意。當帳戶一再違反《社群規範》的相關規定時，不管有沒有收到違規警告，YouTube都有可能會採取終止帳戶等措施。

▶ 猶豫不定時，讓「自動產生縮圖」助你一臂之力

除了自訂縮圖之外，還可以選取「系統自動產生的縮圖」。這是由YouTube的AI自動產生3張縮圖，再由發布者任選一張使用。只要未設

定自製縮圖，就會顯示自動產生的縮圖，因此發布影片之前請記得檢查一下。

要選一張可以瞬間吸引觀眾目光，
令人心跳加速的縮圖喔！

研究相同類別的影片，並參考那些觀看次數
高的影片縮圖來設計吧！

5-5 利用資訊卡引導網站流量

▶ 可在影片裡放連結的 YouTube 資訊卡

　　當想讓觀看影片的使用者看看自己頻道的其他影片，或是希望他們瀏覽外部網站時，**YouTube資訊卡**是一項很方便的功能。資訊卡會在使用者的影片播放畫面上彈出一個小視窗，在5秒內顯示出想引導使用者前往的網頁或影片網址，只要點擊這個視窗即可跳轉至該頁面。

▶ 3 種類型的資訊卡

　　YouTube資訊卡有以下3種。

①影片資訊卡／播放清單資訊卡

　　可放置其他頻道的影片或播放清單網址（不論影片或網址是否屬於自己的頻道皆可）。

②連結資訊卡

　　可刊載網站的網址，但需要經過YouTube的審核認證。連結資訊卡能夠導流的網站包括關聯網站、商品與募款活動3種。關聯網站僅限有自己獨立網域的網站。商品與募款活動的網站，則是只有YouTube認可的網站才得以進行設定。

③頻道資訊卡

可以放入自己以外的頻道或是自己的副頻道網址，可在試圖引導使用者前往自己以外的頻道時使用。

YouTube資訊卡彈出的時間只有5秒。就算設定好，觀眾不點擊也沒有意義，所以在影片裡顯示資訊卡的時機很重要。建議多費點心思讓觀眾注意到資訊卡的存在，像是在影片裡提到資訊卡，或是指向資訊卡的顯示位置等等。

圖 5-2 YouTube資訊卡範例

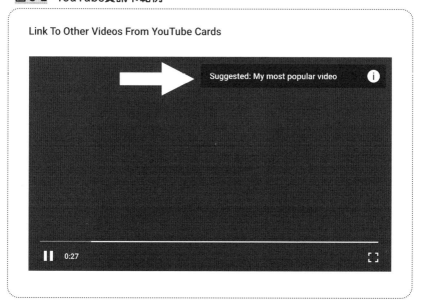

引用：https://backlinko.com/hub/youtube/cards

5-6　爲既有的顧客設計影片也很重要

▶ 試著說明服務內容或揭露製作祕辛

雖說企業大多把重心放在用YouTube吸引新顧客上，但在**經營老顧客方面，YouTube也能發揮不小的作用**。

舉例來說，也可以利用影片介紹使用說明書中較難傳達的資訊或使用者常見問題，或是公開拍攝官網宣傳影片的幕後花絮等等，藉此提高顧客忠誠度。

看到自己使用的服務或購買的產品有講解影片介紹使用方式和保養方法，使用者會很高興。由於這種影片的內容很好做，因此如果想利用YouTube追蹤既有的顧客，建議一定要在這方面多下點功夫。

▶ 以既有的顧客為對象的影片範例

針對既有顧客設計的YouTube影片有以下幾種類型。

- 以影片解說產品使用方式
- 介紹產品的保養方法
- 提出說明書或手冊裡沒有的全新使用方法
- 應對疑難雜症的方法
- 常見問題的回答
- 揭露幕後祕辛　等等

圖 5-3 戴森的YouTube頻道

引用：https://www.youtube.com/c/dyson

藉由展現企業珍惜老顧客的態度，說不定能讓那些還沒成為顧客的使用者也因此成為新的顧客。

透過上述方式經營YouTube頻道的企業有很多，尤其是國外的製造商。舉例來說，以吸塵器等家電產品聞名的「戴森（Dyson）」公司就在YouTube上公開了各式各樣的影片，內容從產品的保養方法到研發過程應有盡有。

或許只要看過說明書就會知道產品的保養方法，但翻找紙本說明書的內容與只要看幾分鐘影片就能解決這2種方式，相較之下還是後者更省時省力。而且，**影片遠比插圖搭配文字更容易理解**。

▶ 也可用 YouTube 宣傳企業有多重視客戶

這樣的經營方式，不會讓企業和顧客的關係在消費後就結束，**藉由YouTube表現出企業對老顧客的關注態度，這會讓尚未成為顧客的人，可能因為看到企業的這種態度，而成為新顧客**。

用Google搜尋可以找到YouTube的影片，同時YouTube本身也有搜尋工具，因此只要先把這類影片存在自己的頻道上，當使用者想要知道產品的使用方法或遇到問題時，找到這些影片的可能性也變高了。

　　企業在YouTube 上經營頻道的時候，我很推薦使用這裡所介紹的YouTube活用方法，如果可以的話，希望各位不妨利用自家公司的帳戶實踐看看。

那些寫成文章會讓人難以理解的內容，
用影片說明，三兩下就能搞懂啦！

影片說明欄的使用方法

▶ 說明欄決定使用者是否繼續觀看影片

　　當使用者在YouTube上觀看影片時，標題的正下方會顯示內文。這裡大多寫著關於影片的介紹，也有些人會閱讀內容來決定是否要繼續觀看這支影片。這個部分叫做**「說明欄」**，說明欄的寫法有可能會使頻道訂閱人數增加或提高視聽者連到自家公司網站的轉換率，因此請務必善加利用。

　　說明欄最多可輸入2500個全形字（半形則是5000個字），而且除了影片的介紹之外，還可以放一些希望觀眾點擊的網址等資訊。雖說點擊說明欄的「顯示完整資訊」就會出現全文，但一般只會顯示3行，所以文章的前3行很重要。

▶ 編寫說明欄的四大重點

　　撰寫說明欄時有4個要點。

①放入相關關鍵字

　　在說明裡加入與影片關聯性高的關鍵字，這樣影片會更容易顯示在使用者搜尋關鍵字的結果中，進而增加觀看次數。

　　只不過要讓關鍵字自然地融入文章裡，不可強行放入關鍵字。刻意放入文章中的關鍵字最好控制在3個左右。

②運用時間戳記

添加時間戳記後，影片就可以直接跳到使用者想看的地方。

具體的作法是，在影片的特定時間中，例如「10:01」的地方輸入自動連結，使用者若是點擊就可以直接跳到這一段來觀看。在影片的時間後面寫上該段的內容說明，這樣說明欄就會像影片目錄一樣。

運用時間戳記的功能時，請注意以下幾點。

> 。從「00:00」開始寫（必須是半形數字）
> 。依序輸入3個以上的時間戳記
> 。2個戳記目錄（章節）之間至少間隔10秒以上

③放上網址時，要連同說明文字一併放入

在說明欄放上網址連結時請附上說明，讓使用者清楚知道它是什麼網頁，以便令其安心前往該網站或其他社群平台。這樣的做法也有助於提高網址點擊率。

例如「若是影片無法解決您的問題，請從這裡聯繫我們」，透過這種方式引導對方進入諮詢頁面；或是貼上所有社群平台的連結，讓使用者可以到其他社群網站逛逛，藉以提升粉絲黏著度等等，請按照自己經營YouTube的目的來規劃內容。

④加入主題標記

事先加上主題標記，就能讓使用者在搜尋主題標記時更容易找到這支影片。建議研究並參考同類型影片、其他公司的影片及熱門影片都使用什麼樣的主題標記。

主題標記最多可放15個，如果主題標記的數量超過15個，便會使

所有主題標記無效。另外，主題標記過多有時也會導致使用者產生不信任感。請根據影片內容添加適合的主題標記。

⑤列出版權相關資料

如果影片中有使用音樂時，請務必列出該音樂的版權持有人。

音樂的使用有特定的條件。由於觸犯《著作權法》會產生罰則，因此請選用那些符合使用條件的音樂。YouTube有列出使用音樂的檢查項目，請多加留意。

☑ 該音樂可否商用
☑ 是否必須與著作權人聯繫才能使用
☑ 是否只需列出版權持有人即可
☑ 是否有使用期間的限制

倘若不放心，建議使用YouTube音樂庫，裡頭收錄的都是符合上述項目的音樂。音樂庫可從YouTube工作室登入使用，請好好善加利用。

5-8 ▶ YouTube 廣告的要點

▶ YouTube 廣告會按觀看次數調整收費

YouTube廣告有各種不同的類型。分別依據影片的觀看時間與觀看次數進行收費,據說YouTube廣告的基本行情價為單次觀看收費3〜20日圓左右。

廣告收費有其基準,必須達到規定的觀看時間或觀看次數才需要支付費用。

▶ 以企業為對象的廣告有 5 種

YouTube以企業為對象的廣告有以下幾種。

①串場廣告

觀看時間最長6秒的簡短廣告。在影片的開頭或中間出現,使用者無法略過這種廣告。廣告費會依影片類型而異,所以建議先從小額投放開始,然後一邊分析成本效益,一邊增加預算。

由於影片很短,因此最好把想要傳達的訊息濃縮成一項,別把太多資訊全都塞進影片裡。這種廣告的形式可完整播放廣告影片,有助於提高企業認知度。

圖 5-4　串場廣告

取自 Uber Eats 的 YouTube 廣告

②TrueView串流內廣告

使用者可在開始播放5秒後略過的廣告。和串場廣告一樣出現在影片的開頭或中間，因此也可以說，**如何利用這無法略過的5秒是決定廣告成效的關鍵**。

一般來說，使用者的目光會集中在跳過廣告的按鈕附近，因此為了讓使用者觀看廣告，必須花心思吸引他們的注意，例如設計一個令人在意後續發展的故事情節，或是在影片的開頭加入讓人感興趣的敘述旁白等等。

圖 5-5　TrueView串流內廣告

取自「Mynavi 轉職網站」的 YouTube 廣告

③動態內影片廣告（原「影片探索廣告」）

一種顯示在YouTube搜尋結果、相關影片、YouTube行動版首頁等位置的廣告。這種廣告有著寫上「廣告」兩字的黃色標誌，只有使用者主動點擊時才會播放。因為是使用者自行點擊播放廣告，所以他們通常都對廣告內容感興趣，很適合用於提升轉換率（廣告目的是增加頻道訂閱人數或引導使用者前往網站）。

圖 5-6　動態內影片廣告

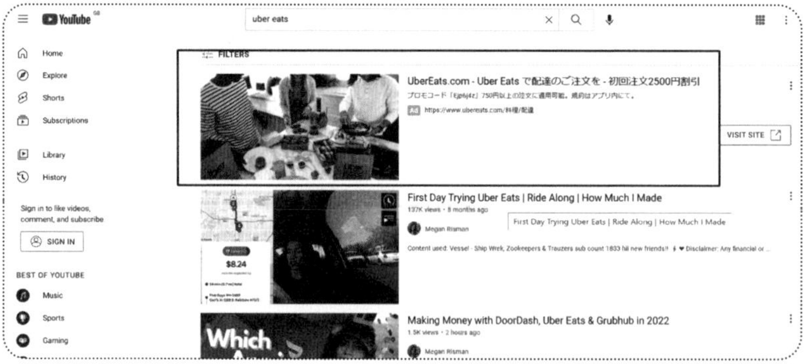

取自 Uber Eats 的 YouTube 廣告

④串流外廣告

YouTube行動版專用的廣告，廣告會發布在與Google廣告有合作的手機應用程式上，而非YouTube。這種廣告可以讓不用YouTube的使用者也看到廣告。只不過這種廣告是以靜音模式播放，因此必須設法在不發出聲音的情況下促使使用者對內容產生興趣。

⑤刊頭廣告

在YouTube首頁上方放大顯示的廣告，據說一天要花好幾百萬日圓的刊登費用。這種廣告能在任何設備上觀看，而且會自動播放最長30秒的影片，因此非常適合希望能在短期內獲得成果的時候使用，例如新產

品的推廣等等。

這種廣告不能從Google廣告中進行設定，只能以預訂的方式，透過Google廣告團隊刊登。

圖 5-7　刊頭廣告

取自 Paco Rabanne「Black XS L'EXCÈS」的 YouTube 廣告

綜合以上所述，由於YouTube廣告的種類繁多，因此必須因應目標受眾、廣告目的與預算等進行檢討。在製作YouTube廣告影片之際，抱持「這個廣告會打擾使用者觀看影片」的感覺是很重要的，因為過度宣傳也有可能損及公司或品牌的形象，所以得多加注意。

5-9 數據分析

▶ 可分析影片觀看次數或觀眾傾向等資料

　　和其他社群網站一樣，數據分析對於經營YouTube來說也很重要。「YouTube數據分析」在分析YouTube的運用上頗有幫助。這項工具可針對發布影片與整個頻道進行存取數據的分析，而且只要有YouTube帳戶就能免費使用。可利用此工具確認各項分析數據，包括影片觀看次數與觀看人數、觀看影片的使用者大多是什麼類型的人，以及哪些內容受歡迎等等。

▶ 亦可匯出 CSV 檔案

　　YouTube數據分析可以經由相當於頻道後台的「YouTube工作室」前往。

　　登入YouTube帳戶後，點擊螢幕右上方的個人資料相片圖示，選擇「YouTube工作室」。接著點擊選單上的「數據分析」，便能查看總覽與觸及率等數據，可切換分頁來檢視各項數據。

　　此外，這些資料可以匯出數據報表，將其存成Google試算表或CSV檔案來運用吧。而且要是有安裝「YouTube工作室」的手機應用程式，還能透過手機來操作。

▶ 可用 YouTube 數據分析瞭解的指標

可透過YouTube數據分析瞭解下列指標。

①總覽

可檢視YouTube頻道的關鍵指標。

> 總觀看時間／觀看次數／頻道訂閱人數／熱門影片排行
> 榜／即時統計等等

②觸及率

可查看觸及率。

> 曝光次數／曝光點閱率／觀看次數／不重複觀眾人數／
> 流量來源類型／曝光次數和對觀看時間的影響／外部來
> 源前幾名／YouTube搜尋關鍵字前幾名等等

③參與度

瞭解影片的觀看情況。

> 總觀看時間／平均觀看時長／熱門影片／片尾元素點擊
> 率最高的影片等等

④觀眾

可查看有關觀眾的詳細資訊。

回訪觀眾與新觀眾人數／不重複觀眾人數／頻道訂閱人數
／觀眾使用 YouTube 的時段／觀眾收看的其他頻道／觀眾
收看的其他影片／訂閱者的總觀看時間／熱門地區／年齡
層和性別等等

　　雖然可查閱的指標與數據相當多，但較有助於改善頻道經營狀況的
是下列5個指標。

⑤觀眾續看率

　　這項指標會顯示完整看完影片的觀眾比率。可以看出能讓觀眾維持
興趣的內容，以及觀眾流失人數增加的時間點，因此有助於改善影片的
內容。

⑥曝光次數／曝光點閱率

　　曝光次數是縮圖顯示超過一秒的次數。建議確認一下曝光位置是出
現在搜尋結果、推薦內容還是播放清單。曝光點閱率指的是觀眾看到縮
圖後點開影片觀看的比率。曝光點閱率低時，就必須改善縮圖與標題的
內容。

⑦觀眾性質

　　以Google帳戶的註冊資料為基礎，反映出使用者的年齡層、性別與
地區屬性。建議在探討符合受眾的內容、標題與縮圖時，善加利用這些
數據。

圖 5-8 YouTube數據分析

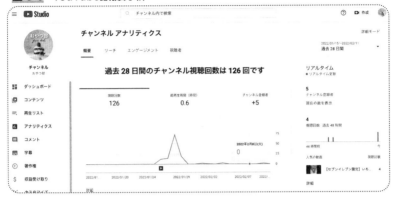

⑧時段

這是使用者在過去28天內造訪頻道的時段。掌握熱門觀看時段有助於調整影片發布時間與排定直播時間。

⑨流量來源

這項指標會顯示觀眾找到這支影片的路徑。只要明白觀眾是經由哪些途徑發掘影片，例如「推薦內容」、「播放清單」等等，就能藉此思考讓影片更容易被找到的方式。

YouTube數據分析需要累積一定程度的數據才能反映分析資料。有時即使資料充足，系統進行分析也需要一點時間。比起頻繁地查看這些數據，更建議以一週一次或一個月一次的頻率定期確認。

企業帳號該不該「追蹤」其他用戶或「按讚」？

在經營社群平台的過程中，一般認為最好不要自己主動「追蹤」其他用戶或「按讚」，畢竟也有人認為企業帳號的「追蹤中」數字太高，給人的感覺不太好。

但我的看法是，「在某些條件下，企業應該積極地『追蹤』其他用戶或『按讚』」。條件包括以下2點。

①不是只有自己追蹤對方，而是呈現互相關注的狀態
②對方是同業，或是可能對自己的發文感興趣的使用者

社群網站的AI有一項功能是根據每位使用者的行為模式，用演算法去推薦該名使用者可能會感興趣的帳號。因此，我認為可藉由與自己性質相同的帳號互相關注、按讚來保持聯繫，以確保發文被正確評論，進而提高使用者的參與度。

我在個人的Instagram帳號上與數量接近追蹤人數上限的使用者保持互相追蹤的狀態，同時也積極對顯示在動態牆上的使用者發文按讚。

結果我的每一篇發文都有4位數的按讚數，時常保持很高的互動率。我發現不只是我的帳號，那些採用同樣方式操作的帳號也有很高的互動率。

雖然這只是我個人的看法，但我認為這個理論應該不會出錯。如果追蹤人數增加後，發文仍然不怎麼受歡迎的話，請務必試試看這個方法。

充分運用

TikTok吧！

TikTok 的現況

▶ 近年來在商業上的運用逐漸增加

　　誕生自中國的TikTok在2017年登陸日本市場。雖然TikTok給人的印象多是「在國高中生之間大受歡迎的娛樂社群平台」，不過最近有愈來愈多企業開始將其運用在行銷或是招聘人才上，**商務應用的需求正在增加**。

　　全世界TikTok的使用人數據說有10億人，日本的TikTok使用人數則是950萬人（截至2018年12月）。

▶ 其實有很多男性使用者

　　雖然一般普遍認為TikTok的使用者多為10～20幾歲的女性，但其實所有年齡層都在使用這個平台。一間專門調查社群網站使用者（粉絲）消費行為的內容產業實驗室指出，根據其調查，日本國內使用者的平均年齡為34歲。使用者男女比率為男性55.2%、女性44.8%，**事實上男性使用者人數更多**。這從份數據可以看出，喜愛TikTok這種娛樂的男性使用者正在增加，而且把TikTok運用在商業上的個人與法人也在穩步成長。

　　再加上**美國的TikTok使用人數正急速增加**。對於打算在海外開展業務的企業來說，TikTok將成為一項不可或缺的工具。

▶ 與電商的合作值得期待

中國版的TikTok（中文名為抖音／Douyin）具有電子商務與直播的功能。網紅透過TikTok裡的直播功能宣傳商品，觀看的觀眾則利用電子商務功能購買商品，這種**「直播商務」**的潮流正在中國紮根，它所帶來的全新經濟效果令人期待。從這點來看，TikTok未來很可能會推出更新版，讓全世界都能使用這項功能。

社群網站與電商形成密不可分的關係後，**經由網路購買商品或服務的機會將進一步提升**。TikTok的電子商務功能隱藏著很大的潛力，相信今後對它的需求並不會下降。

此外，中國版的TikTok支援跨境電商，因此可從日本或台灣到中國版TikTok上開店，說不定實際試試看也是個不錯的方法。

圖 6-1 TikTok的投稿範例

▶ 在 TikTok 必須掌握的 5 種演算法

經營TikTok時，如果想增加觀看次數，建議以讓影片登上**「為您推薦」**為目標。為了達成這個目標，和其他社群平台一樣，事先瞭解TikTok的演算法，並發布含有這些要素的影片是很重要的。

①影片觀看時間的長短

觀看時間長，代表這支影片頗具魅力，屬於熱門短片。製作影片時要有意識地吸引使用者將目光停留在影片上，而且停留時間愈長愈好。

②影片完播率高

影片完播率是指把影片看完的人所占的比率。看完影片的人愈多，表示影片愈具有讓人想看到最後的魅力。雖然目前上傳到TikTok的影片最長可達3分鐘，但是為了提升完播率，請盡量將影片長度控制在30秒以內。

③使用者回饋數

按讚或評論等使用者回饋的數量愈多，影片就愈容易得到好評。評論很多的影片會被評斷為優質影片。要安排「吐槽點」讓使用者能輕鬆留言，這一點也請謹記在心。

④使用者的影片分享數

所謂分享，是指利用TikTok
的分享按鈕將影片傳播到其他社
群平台上。如果分享數多，代表
這支影片會讓人想與他人分享，
所以評價也就愈高。

⑤主題標籤挑戰

主題標籤挑戰指的是在企業
的廣告中創造出關鍵字，是一種
由企業委託TikTok舉辦的活動。
作為TikTok的顧客，企業自然希
望影片能夠廣傳，因此參加主題
標籤挑戰的影片更容易登上推薦
頁面。如果還不熟悉TikTok的生
態，或許可以先從主題標籤挑戰
開始嘗試。

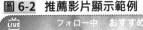

圖 6-2 推薦影片顯示範例

引用：https://www.tiktok.com/@redbulljapan/
video/7033345125438852353

另外，據說影片被重複觀看時，以及使用者的觀看履歷、使用者重
看的影片、使用者觀看影片後所採取的行動等數據，都會影響TikTok的
演算法。

6-3 ▶ 也有為其他社群平台導引流量的作用

▶ 設定目標客群與經營目的

和其他社群網站相同，要將TikTok運用在商業上時，要做的第一件事就是**設定目標客群和經營目的**。請參考第1章的內容，盡可能具體地訂出目標客群。

至於經營目的，由於TikTok是一個很容易獲得觸及（容易被更多的人看到），也就是可以快速傳播與分享訊息的社群平台，因此建議利用TikTok作為引導平台，讓使用者前往YouTube或是Instagram等其他社群網站。

▶ 瞄準 TikTok 與其他社群平台的加乘效應

以常見的成功案例來說，通常是影片先在TikTok登上推薦頁面，因為快速傳播而被很多人知道之後，使用者被導引至影片創作者與TikTok綁定的Instagram帳號，再透過Instagram獲得比TikTok還要多元且詳細的資訊，進而成為粉絲。

一般人往往會因為接觸次數多而產生親切感等正面情感，所以才會在看到TikTok上的爆紅影片後去關注創作者的TikTok帳號，再由此去追蹤該創作者的Instagram帳號，如此一來，就算使用者只是逛逛社群網站，也會看到這個帳號的發文，也很有可能因此帶來商業的連結。

▶ 作為引導使用者前往其他社群網站的引線

如上所述，**把TikTok設定成商務上的第一個入口，然後由此將使用者引導至YouTube、Instagram或是Twitter**，藉此增加與目標受眾接觸的次數，並且提供更深入的資訊，使其成為自己的粉絲，最後再透過YouTube、Instagram或Twitter來連結到原來的目的。

因此，請一定要設定跳轉到其他社群網站的連結。可以在個人資料頁面的「編輯個人資料」設定這些連結。

除此之外，**對於那些對這個帳號或企業感興趣的使用者**，要是能在TikTok個人資料頁面的個人簡介上，**提示他們接下來該採取的行動就更好了**。個人簡介可以輸入80個字，因此事先註明「TikTok影片的後續內容會在YouTube頻道公開」、「在Instagram上會介紹更多案例」、「TikTok影片的拍攝幕後花絮會在Twitter公開」，以這樣的形式來引導流量也很不錯。

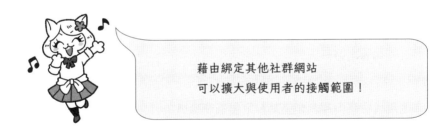

藉由綁定其他社群網站
可以擴大與使用者的接觸範圍！

6-4 建立企業帳號

▶ 企業帳號可使用的功能

TikTok有「個人帳號」與「企業帳號」2種。企業帳號雖然擁有專為企業設計的功能，但和個人帳號一樣，所有人都能建立，不一定非得是企業或老闆才能開設。

企業帳號可以使用的功能如下。

①一開始就能在個人資料中設定外部連結

若未獲得一定的粉絲數，個人帳號就無法在個人資料中設定外部連結，不過企業帳號從一開始就能進行設定。

②可選擇帳號類型

可以將帳號登記成企業帳號。帳號類型的登記會影響推薦內容的演算，因此設定好帳號類型，才能吸引對這個類別感興趣的使用者。

③運用《企業內容創作指南》掌握最新趨勢

《企業內容創作指南》是TikTok所提供的官方工具，裡面寫滿了與TikTok有關的建議。在正式經營TikTok之前，請務必要讀過一遍。

④可以運用資料分析（可分析帳號狀態）

在TikTok上，可以運用資料分析來分析帳號。因為無法做出細部分析的問題就無法獲得改善，所以這可說是商業應用上必備的功能。

▶ 注意不可使用未獲得商業用途許可的音樂

　　另一方面，TikTok也有一個缺點。那就是**要使用企業帳號的話，就不能使用那些未獲得商業用途許可的音樂**。在嘗試選用熱門短片的配樂或時下流行的歌曲時，可能會出現「此音頻未獲商業用途許可」的訊息而無法發布影片。雖然個人帳號在這方面沒有什麼特別的限制，但企業帳號因為版權的關係，可以使用的音樂有限。

　　不過**在TikTok的商用音樂庫中，獲得商業用途批准的歌曲超過50萬首**。因此從中選擇歌曲並有效發布影片，也是完全有可能做到的事。

　　若要切換至企業帳號，只要從個人資料頁面右上方的3條線圖示進入「管理帳號」頁面，再點選「切換為企業帳號」並依畫面指示操作，很快就能完成了。

　　畢竟只有上述這項缺點，所以**在商業上運用TikTok時，還是建議切換成企業帳號**。請務必將帳號切換為企業帳號再加以運用。

▶ TikTok 在傳播力上具有優勢

本來TikTok就是一個訊息傳播快速的社群平台，只要影片一被瘋傳，所帶來的效果也將呈倍數成長。接下來我們會透過成功案例來介紹在TikTok上爆紅的方法。

下圖是計程車公司「三和交通」的官方TikTok，特別值得一提的是影片內容。該帳號會定期上傳員工與爺爺輩的長者一起跳舞的影片。舞蹈動作十分滑稽有趣，而且所有人都跳得很開心，光看影片就讓人感到很療癒。

這些影片經過適當的加工，具有讓人忍不住反覆播放的神奇魅力。不但影片的「按讚」數經常超過300，**同時也讓觀看影片的人充分感受到在這家公司工作有多麼開心。**

請參考這個成功案例，好好想一想如果是你的公司，可以發布什麼樣的影片來傳達快樂的企業文化。

圖 6-3 三和交通的TikTok

引用：https://www.tiktok.com/@sanwakotsu

▶ 在 TikTok 上快速傳播的三大關鍵

接下來會介紹能在TikTok上快速傳播的3個要點。

①安排吐槽點

據說TikTok影片**是否能快速傳播，多半取決於該影片的評論數**。觀看那些有趣的影片時，難道不會想留下評論吐槽兩句嗎？這種被評論灌爆的影片同時也很容易被分享出去，所以安排吐槽點可說是讓影片被瘋傳的一大關鍵。

舉例來說，「絕對說不上跳得好的舞蹈」、「明明是烹飪影片卻搞錯調味料」，或是「問了是哪個，結果兩個都不是」等等，不妨試著構思出能讓使用者想吐槽的影片內容。

②採用流行音樂

一般認為TikTok有很強的音樂性及很高的親和力。從TikTok開始竄紅，並引起話題的歌曲有很多，而且流行音樂往往更容易鋪天蓋地被人翻唱。

在TikTok上，**「迷因化」**能讓影片快速傳播。所謂的迷因化，指的是模仿既有影片進行二次創作的影片不斷增加，因而逐漸傳播開來的現象。另外，影片也有透過歌曲而增加流量的，所以不妨經常研究TikTok上的流行趨勢，並加入一些流行的音樂。

③放上流行趨勢的主題標籤

雖說積極使用那些在TikTok探索頁面上成為趨勢的主題標籤確實有其必要性，但是**透過添加目標受眾經常關注的主題標籤所吸引到的流量也值得期待**。只不過，主題標籤並非愈多愈好，而是要聚焦在與投稿內

容有關的關鍵字上，建議適度地加入4～5個主題標籤。

最後，在製作影片時，請多加留意演算法那一小節所提到的評價基準，例如下功夫拉長觀眾在平台的停留時間，藉以提高影片完播率，或是讓影片播放的同時，也能顯示包括分享次數在內的觀眾反應數。

要一開始就爆紅很困難。即使剛起步時，影片的觀看次數很少，只要按照本書介紹的內容持續發布影片，同時一邊參考資料分析一邊加以改進，一定能獲得成果，因此請繼續重複使用PDCA。

TikTok 追求的就是娛樂性！
就算粉絲很少，影片也很容易快速傳播喔！

TikTok 與 Twitter 使用者追求的東西
可能不太一樣……。

6-6 TikTok廣告的要點

▶ TikTok 廣告大致可分成 3 種

　　TikTok也有提供廣告發布的平台，可配合經營目的與目標受眾，從3種廣告格式裡挑選。投放TikTok廣告時，必須採用符合規定的影片格式，建議以直式影片的形式刊登。

　　3種廣告格式如下。

①開屏廣告

　　這是啟動TikTok手機應用程式的時候，以全螢幕顯示的廣告。在手機上觀看廣告時會以滿版顯示直式影片，因此具備高度沉浸感，在提升品牌的辨識度或知名度上非常有效。

　　此外，還能在廣告上設置公司官網網址等外部連結。由於傳播力高，因此每天僅限一家企業可刊登開屏廣告。隨著時期不同，競爭率也會隨之提高，要付出的成本也會增加。

圖 6-4　開屏廣告

第6章

充分運用 TikTok 吧！

193

②信息流廣告

一種顯示在「為您推薦」頁面上的廣告。這種廣告跟平常發布的短片一樣，都能期待獲得按讚數與評論等回饋。不過這種廣告的特性是會顯示在使用者所發布的影片之間，而使用者通常多會避開廣告色彩與宣傳色彩強烈的內容，因此**採用能融入信息流（類似一般使用者所發布的短片）的廣告素材是重點所在。**

③主題標籤挑戰廣告

這種廣告會在TikTok內設定一個專用主題標籤，並鼓勵使用者發布與其相關的影片。由於是使用者參與型的廣告，因此使用者在享受活動的同時也會主動散播訊息，可說是一種**毫無廣告感又具有號召力的廣告型態。**

不像廣告就不容易讓使用者反感，只是其成效雖好，廣告成本卻是TikTok廣告中最高的。

圖 6-5　信息流廣告

《無盡城戰》的信息流廣告

圖 6-6　主題標籤挑戰廣告

「Beauty Scanner」的主題標籤挑戰廣告

▶ 預期使用者會增長的現在正是機會

在開始投放這些TikTok廣告前，必須進行各種設定與製作廣告用的高品質素材等等，因此不妨試著委託專營TikTok行銷的廣告代理商，或是直接向TikTok的營運公司諮詢。

TikTok是一個正在蓬勃發展的社群網站，無論是現在還是以後，使用者人數都可能會持續增長，因此在很少企業利用的現在進場，說不定還能獲得一些先行者優勢。

因為商業上的應用還很少，
所以可能會冒出意想不到的機會呢！

雖然感覺主要都是年輕人在使用，
但使用者的年齡層也在不斷擴大喔！

▶ 善用資料分析來分析帳號狀態

　　將TikTok帳號設定成企業帳號後，就能使用**「資料分析」**的功能。只要是擁有企業帳號的人，都能免費使用。設定成企業帳號之後，選單上會增加一項「企業套件」，可藉此檢視「資料分析」的數據，請務必使用來改善內容。

　　由於帳號轉成企業帳號後才會開始蒐集分析數據，因此在那之前發布的影片都沒有「總觀看次數」以外的資料。另外，還有一部分與關注者有關的數據，只會在關注者超過100人時顯示，這一點請多加留意。

▶ 務必要測試成效

　　從資料分析可以查看關注者的分析結果與針對內容的分析數據，例如「是否成功吸引目標受眾成為關注者」、「觀看次數和回饋數高的影片與其他影片有什麼不同之處」等等，請以資料分析的數據為基礎來分析帳號，並不斷改善經營策略。

　　包括TikTok在內，無論哪個社群平台，只是隨意地經營並不會帶來什麼成果。首先，要先設定好**「向誰傳遞」**的目標受眾，以及**「經營平台的目的為何」**這2種相當於KGI／KPI的指標。在這個基礎上，再針對希望目標受眾採取何種行動提供明確的導引，並定期將能從資料分析取得的數據與目的（或是已經採取該行動的數量）相互對照，提出一套改善對策並加以實施。

圖 6-7　資料分析頁面1

圖 6-8　資料分析頁面2

　　如果經營社群平台卻不做這些工作，平台的經營就會變成無法重現的偶然操作，如果要以企業的身分經營社群平台並應用在商業上，請務必確保這些分析與改善的體制和時間，再去挑戰如何加以運用。

筆者經營社群平台時所用的工具

經營社群網站，只要有一支手機就夠了。不過為了有效率地作業，並提升發文品質，我不僅會使用手機，還會靈活運用各式各樣的工具。這裡要來稍微介紹一下這些工具，以供大家參考。

①主要手機（iPhone 13 Pro）與次要手機（Galaxsy S20 Ultra 5G）

主要手機用於日常使用、簡單的圖片與影片編輯，以及在社群網站發文。次要手機則是一款性能強大的手機，擁有1億800萬畫素，可100倍變焦，主要作為專門拍照與拍攝影片的手機使用。主要手機與次要手機都是透過Google相簿把照片上傳到雲端來進行管理。

②iPad Air（第4代）& Apple Pencil

用於圖片與影片的編輯。雖然在iPhone上也能編輯這些素材，但大螢幕更加方便，所以我用iPad的次數比較多。

③Macbook Air

使用iPhone或iPad時，如果用的個人電腦是Apple產品的Mac電腦，它的方便性會遠勝於其他。不僅能自動共享數據資料，還能透過iPhone查看Mac上的資訊，大幅提升工作效率。

④Insta 360 GO 2

這是一台製作影片用的小型運動相機。為了今後能製作出品質更好的影片，我最近新買了這項器材。

關於上述這些工具的使用心得，詳細內容之後會放在我的Instagram（@taecostagram）上，請各位務必看一看。

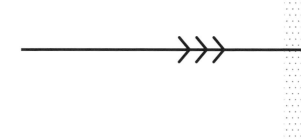

巻末附録

推薦使用的圖片加工
與影片剪輯軟體

★ 活用工具，高效經營社群平台

　　只要看到上傳至各大社群網站形形色色的影片，就會發現有很多影片都是經過精心剪輯。從使用者的角度來看，比起只是單純拍出來的影片，剪輯過的影片看起來當然更有意思。圖片也是一樣，只要適度地加工，就能變成吸引使用者目光的圖片。

　　然而一提到加工或剪輯，很多人馬上會覺得門檻很高而心生怯意。最近市面上出現很多可免費使用且操作簡單，適合初學者使用的修圖軟體與影片剪輯軟體。**這裡介紹的都是連初學者都能輕鬆上手，操作簡單卻能製作出優質圖片與影片的工具。**請一定要實際試用看看。

★ 圖片加工軟體、應用程式

①Canva

　　Canva是一款來自澳洲的熱門平面設計工具，可輕鬆產出高品質的設計。這款工具是為了讓所有人都能自由享受設計的樂趣而製作的，所以可免費使用的版型超過25萬種。有電腦與手機2種版本，不僅可以製作社群網站用的圖片，也能用來設計Logo等等。據說全世界的Canva使用者超過4000萬人，可說是一款深受全球社群使用者喜愛的軟體。

　　Canva提供免費方案與付費方案，付費方案可以依照團隊規模選用「Canva Pro」或「Canva-團隊版」。雖然能夠使用的模板與功能會隨方案不同而有所差異，但免費方案本身的功能就已經十分完備了。而且

圖 F-1 Canva

還能以模板為基礎自由編排，不管是加入文字，還是在模板上放入其他圖片都沒問題。

除了模板之外，Canva的日文字型也很豐富，就算是免費方案也有超過250種字型可以使用。由於影片或個人資料的氛圍會因字型不同而大大改變，因此能選擇的字型眾多實在令人高興。建議不要依照自己的喜好選擇字型，而是要站在目標受眾，也就是使用者的角度來挑選。

製作好的素材可以用在所有的社群平台，而且除了在影片上添加文字，甚至還能用來編排簡報資料或履歷表。這款軟體很方便，除了用於經營社群之外，也可以在工作或日常生活的各種場合應用。

②Phonto

Phonto是一款很受歡迎的手機應用程式，可以為圖片加上文字。裡頭有400種以上的字型，也很容易調整文字的大小與顏色，可做一些簡單的加工編排，像是為文字背景上色或是設定透明度等等。在文字裝飾上，內建了泡泡對話框、文字邊框、彎曲文字等功能，亦可自由選擇直書或橫書。

雖然有免費與付費2種方案，但免費版就能使用很多功能了。因為是以手機使用為前提，所以可透過簡單的操作來替圖片加工。

圖 F-2 Phonto

引用：https://apps.apple.com/jp/app/phonto-Phonto 写真文字入れ /id438429273

③Mojo

　　這是一款可以簡單做出動態文字的手機應用程式。只要在模板上加入文字或照片，就能製作出時髦的影片或圖像。字型和文字樣式的種類繁多，一定能從中找到自己喜歡的類型。

　　Mojo還有提供大量漂亮的動態模板，可透過手機運用。編輯好的模板可以保存在手機應用程式內。有免費會員和收費會員之分，這款應用程式也很適合用來替TikTok與Instagram的素材加工。

圖 F-3 Mojo

引用：https://apps.apple.com/jp/app/mojo- インスタストーリー加工 /id1434861974

④Lightroom

Lightroom是Adobe推出的一款照片編輯軟體。這款軟體可以編輯RAW檔，受到許多專業攝影師的好評。能讀入高性能相機與手機拍攝的照片，並進行編輯、管理與共享。

這款軟體內建眾多功能，包括調整照片的亮度與色調、更改白平衡和飽和度、微調圖片構圖並加以裁切、鏡頭變形校正等等。另外，還有可以簡單去除照片中多餘雜物的功能，或是對照片的一部分進行校正。Lightroom也有行動版，用手機操作也很方便。

單獨購買Lightroom的費用是一個月新台幣326元。

圖 F-4 Lightroom

引用：https://www.adobe.com/jp/products/photoshop-lightroom.html

卷末附錄

★ 影片剪輯軟體、應用程式

①CapCut

由經營TikTok的字節跳動公司所提供的一款影片剪輯應用程式。除了添加特效與文字等基本編輯功能之外，還內建了一些高級編輯功能，在易用性方面享有好評。推薦用在TikTok、Instagram的連續短片與YouTube短影音上。

圖 F-5 CapCut

引用：https://apps.apple.com/jp/app/capcut-動画編集アプリ/id1500855883

②VN影片編輯

一款正統影片剪輯的手機應用程式，完全免費，iPhone和Android均能使用。易於操作，可在影片上添加好看的文字，影片播映速度與色調的調整也很簡單。

這款應用程式性能極佳，在功能性與易用性方面皆屬一流。音樂和效果音的預設種類也很多，可選擇合乎氣氛的音樂也是一項令人欣喜的亮點。簡單易懂的介面設計和直覺式操作頗受歡迎，可以剪出高品質的影片，讓人完全想不到是用手機製作出來的。

圖 F-6 VN影片編輯

このAppは、iPhoneおよびiPadのApp Storeでのみご利用いただけます。

VN ビデオエディター 12+
クイックおよびプロビデオエディター
Ubiquiti Labs, LLC

「写真／ビデオ」内144位
★★★★★ 4.8・1.5万件の評価

無料

VN

引用：https://apps.apple.com/jp/app/vn- ビデオエディター /id1343581380

③DaVinci Resolve

　　具備專業級影片剪輯功能的軟體，支援Windows、Mac和Linux。實際上也有專業人士在使用，以正統剪輯軟體而聞名。

　　DaVinci Resolve有免費和付費2種版本，兩者的基本功能雖然相同，但在解析度與可使用的功能方面則有差異。對於影片剪輯的初學者來說，可能會覺得付費版很難操作，不過習慣剪輯影片後，如果想剪出更高水準的影片，請務必考慮使用這款軟體。除了剪輯影片之外，還可以合成影片，進行CG後製、色彩校正和編輯音效等等。

圖 F-7 DaVinci Resolve

Appを購入またはダウンロードするにはMac App Storeを開いてください。

DaVinci Resolve 4+
Blackmagic Design Inc

★★★★★ 3.2・22件の評価

無料

引用：https://apps.apple.com/jp/app/davinci-resolve/id571213070?mt=12

④Adobe Premiere Pro

　　因為很多YouTuber使用而廣為人知的一款專業軟體，據說剪接影像的剪輯功能用起來非常簡單，廣獲好評。可做出影像切換時的轉場效果、校正影像色調與亮度、嵌入字幕、插入背景音樂BGM，以及添加馬賽克和逐格播放等特效（特殊效果）。在把拍好的影片用在YouTube上時，Adobe Premiere Pro能夠輸出YouTube的最佳化影片。Adobe Premiere Pro採月費制。

圖 **F-8** Adobe Premiere Pro

引用：https://www.adobe.com/jp/products/premiere.html

⑤Epidemic Sound

　　這是一個專門提供商用音樂，完全免版稅的音樂授權服務。所謂的完全免版稅，指的是該公司擁有並自行管理包括著作權和母帶權等一切權利，因此不需要向日本音樂著作權協會（JASRAC）等機構辦理手續與支付版稅。**Epidemic Sound具有高品質且數量龐大的歌曲，無論國內外都能安心使用，可說是全球規模最大的免版稅音樂庫。**

　　該服務每月收取固定費用，音源則是無限使用。因為著作權與母帶權的版權關係多半複雜難懂，所以從一開始就選用這類服務會比較令人放心。建議用在會為影片配上音樂的TikTok、YouTube或連續短片等內容上。

圖 F-9 Epidemic Sound

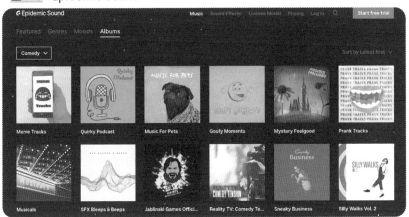

引用：https://www.epidemicsound.com/

那些能免費使用的手機應用程式與軟體自然不用多說，其他可以做出媲美專業的圖片或影片的付費軟體更是多不勝數。請考量製作團隊的規模與預算，善加利用這些軟體來經營社群網站吧。

負面輿論延燒的因應對策

★ 儘管傳播力強，卻有形象受損的風險

前面曾說過，依據使用方式不同，各大社群網站均擁有強大的傳播力。各種訊息或影片只要遭到瘋傳，瞬間就會跨越國界，以驚人的速度和氣勢傳播到世界各地。這是社群網站的一大魅力，但**正因為其擁有強大的傳播力，「負面輿論延燒」的風險始終存在**。

所謂的負面輿論延燒，指的是以社群網站上發布的內容、個人或企業的醜聞等貼文為開端，進而引發網路上鋪天蓋地的譴責與批判。社群平台擁有「可輕鬆傳播資訊」的特點，在擁有絕佳傳播效果的同時，也隱藏著巨大的風險。

一旦負面輿論開始延燒，這些言論便會在無形中蔓延開來，而且很難加以控制。這不但會影響到個人或企業的形象，也曾有道歉後反而讓問題愈演愈烈的案例。

在現代社會中，使用社群網站已成為人們生活的一部分，而**如何處理「負面輿論延燒」也逐漸成為一大課題**。

★ 負面輿論延燒是怎麼發生的？

那麼，到底為什麼這些言論會引發負面輿論延燒呢？其實原因不一而足。例如員工的不當言行、企業過度打廣告等等，但不管什麼原因，造成輿論延燒的過程都很類似。

讓我們簡單地列出整個過程。

```
┌─────────────────────────────────────────────┐
│  ○事情發生                                      │
│  →當事人或第三者在各社群網站上發文                  │
│  →看到貼文的使用者把這件事當成一個話題發文或分享，進    │
│    而使資訊擴散                                  │
│  →網紅在社群網站上發表評論                         │
│  →被網路新聞和摘要整理網站轉載，登上流行趨勢           │
│  →許多看到這則訊息的使用者再進一步地傳播             │
│  →受到大眾媒體報導，廣泛地被一般社會大眾所知          │
└─────────────────────────────────────────────┘
```

於是負評愈燒愈烈。即使採取相應的對策來處理，事件的火種有時也會在意想不到的地方蔓延開來，造成發文者的不安與擔憂。

雖然不能完全防止負評在社群網站上被瘋傳，但**可以採取一定程度的措施來降低風險**。接下來會介紹預防對策的要點，提供給大家參考。

①注意資訊來源

一旦知道了某些消息，就會想趁消息還熱騰騰的時候發布出去。尤其是新的資訊，是不是會讓人很想盡快與他人分享嗎？不過，**請務必查證這項資訊是否屬實**。如果是假訊息，就很有可能會引發負面輿論。要特別留意與醫療、法律、科學、政治相關的資訊，以及涉及他人利害關係的消息。

②避免過於武斷的說法

有時候，一則資訊可能在某個時間點以前都被認為是正確的，但後來卻因為某些契機而變成錯誤的資訊。在無法有確切的根據，或是**沒有**

得到證實的情況下，請不要擅自把這項資訊認定為事實，要盡量避免過於武斷。

③注意發文的時機

就算一則好的訊息，也會因為發文的時機，而有適得其反的解讀。尤其是發生災害的情況下，必須格外注意發文的時機。即使自己所在的地區什麼事都沒有發生，其他地區卻有可能遭受災害，所以最好養成習慣，先在Twitter或電視上查清楚當時到底發生什麼事，有一定程度的瞭解後再發文。

④盡可能避免發布涉及思想的訊息

政治、宗教、貧富差距、地域差異等等，都是與個人思想有關的資訊。在某些情況下，相關言論可能會發展成很大的爭議，所以盡量迴避會比較妥當。尤其種族問題是極為敏感的話題。一旦引起軒然大波，不僅國內，甚至有可能遭到全球使用者和媒體的批判譴責。

另外，要是談論有關性別歧視、性取向或是醜聞等話題，也可能被認為擁有偏頗的價值觀。特別是企業帳號，最好完全避免發布這方面的資訊。

就算自認「沒問題」，也經常有人會曲解訊息原本的意思。此外，還有一些過去司空見慣的內容，在現代則被認為是禁忌。即使解釋自己「沒有惡意」、「沒有歧視的意思」，但在大多數情況下也只是火上澆油而已。請避免有可能造成訊息接收者誤解的表達方式。另外，在發文之前，請第三者檢查一下也很重要。

⑤不發布任何個人資訊或商業機密

個人資訊偶爾會以意想不到的方式被洩漏出去。如果照片或影片有拍到其他人，原則上要得到對方許可之後才能發布。如果無法做到這一點，請透過編輯加工，讓照片或影片無法清楚辨識他人長相。

另外，以圖片上傳文書檔案或資料時，這些圖片必須事先經過加工處理，避免地址或電話被人看出來。拍攝風景的時候也請格外注意，像是不要拍到房屋門牌，或是把照片修成無法辨識出特定的場所等等。

⑥避免趁勢發文

不久之前，有人上傳了一段兼職員工在店裡玩瘋了的影片，引發負面輿論不斷延燒。電視新聞也進行了報導，最後發展成企業高層出面道歉，應該也有人因此深刻體會到社群網站的可怕吧。

還有一個案例是，某位名人因為有人用了自家公司的服務而感到高興，趁勢撰文發布在社群網站上，結果造成網路一片撻伐。無論哪一種情況，都很難想像他們帶有惡意，反而給人一種順勢而為的印象，然而只要引發負面輿論，這一切都只會變成藉口。

正因為有觀看對象，社群平台這項工具才得以存在。發文的當下請站在閱覽者的立場，慎重地思考他們會怎麼看待這篇貼文。

各位覺得如何呢？社群網站上的內容，基本上會永久留存，除非服務終止或自行刪除。有時也會發生過去的貼文被挖出來而引發論戰，甚至陷入無法挽回的情況。尤其是在剛開業或是一開始經營社群網站的時候，由於缺乏法規遵循意識，加上尚未建立發文準則，往往會發布一些容易引發負面輿論的貼文。

具體的對策是，發文前一定要重複檢查1～2遍。尤其是企業帳號，最理想的做法是建立一個由多數人參與帳號經營的體制，而不是只憑一個人的判斷發文。有一些公司會將社群網站的經營全權委託給特定的員工，甚至還有企業會把這項任務交給實習生負責。在這種情況下，請先建立一套完備的體制再交給對方負責，例如訂定經營規則並進行教育訓練，製作一份發文前必須確認的核對清單等等。

★ 關於負面輿論延燒時的因應對策

　　就算再小心，還是有可能引發負評，躲都躲不掉。如果遭到負面輿論攻擊，請參考以下內容討論因應對策。

①停止社交媒體的活動

　　負面輿論開始延燒之後，只發布最低限度的訊息，在找到解決事情的方法之前，請暫時停用帳號。如果急忙刪除貼文的話，也有可能再次引起輿論抨擊，所以不要隨便刪除帳號或貼文，停止發文並觀察情況很重要。

②聯繫直屬主管和相關部門

　　向直屬主管如實報告整起事件的來龍去脈，而接獲報告的主管必須與公司所有相關部門共享這些資訊。報告時請將必要的資訊加以彙整，除了引發負評的貼文網址、帳號資訊之外，還要提供引發負評的日期時間，或是發現負評的日期時間，以及負責人的姓名和聯繫方式等等。

③等到公司決定方針後，再進行解釋和道歉

要找回使用者的信任，必須要有一貫的應對方式。至於解釋和道歉等後續對策，應該由公司進行判斷與應對，而不是由負責人來決定。

任何企業和個人都有可能在社群網站上被群起攻之。如果負評已經燒起來的話，請別一個人獨自面對，不妨參考本篇介紹的對應方式，因應狀況想出適當的對策。

社群平台成功攬客實例

★ 成功在社群平台上爆紅的服務實例① COHINA

有一個名為COHINA的服裝品牌。COHINA的設計理念是「為身高150公分左右的嬌小女生設計的衣服」。這個品牌的成長速度極快，成立才3年，每月營業額就達到一億日圓。品牌誕生的契機來自於負責人田中絢子的煩惱：即使個子不高，也想穿自己喜歡的衣服。

為了解決個子嬌小的女生在穿衣服和鞋子方面的煩惱，這個品牌因而誕生，並以滿足眾多顧客需求的經營方式急遽成長。

★ 沒有實體店，在Instagram上發展壯大

COHINA並沒有實體店鋪，主要是利用Instagram銷售自有品牌服裝。據說品牌剛成立，還沒有任何商品的時候，COHINA就已經開始經營Instagram了。

聽到這一點，或許各位會有個疑問：「沒有商品，要發布什麼內容呢？」在沒有關於品牌的內容可以發布時，COHINA會推薦其他公司品牌的商品，並由個子嬌小的員工實際試穿，或是介紹一些穿搭技巧，目標似乎是打造一個為嬌小女生提供有益資訊的帳號。

這些只要是COHINA的目標客群——個子嬌小的女生都會感興趣的內容，讓Instagram的粉絲逐漸增加，結果COHINA推出的服裝單品，自然也引起了粉絲的興趣。

這裡請各位注意以下2點。

○ **目標客群清楚明確，因此使用者很容易有切身的感受**

○ **藉由引起目標客群的共鳴，就更容易在相同屬性的使用者間擴散開來**

圖 F-10　COHINA的帳號

cohina.official ✓

3,632 投稿　23.8万 フォロワー　716 フォロー中

COHINA -150cm前後の小柄女性向けブランド-
ブランド
"あなたに陽が当たる服"

「ピッタリもカワイイも諦めたくない」という150cm前後の小柄女性のためのファッションブランド... 続きを読む
cohina.net/

フォロワー: muunyan

ライブ動画: 新作アイテム Pick up 紹介 LIVE
今日 pm6:30 JST

ショップを見る

フォローする　メッセージ　メール

Wearing　22 Spring　TGC

3.11 (Sun) 17:00 START

引用：https://www.instagram.com/cohina.official/

首先設定「嬌小的女生」這個明確的目標客群，如此一來，社群帳號的發文內容也很容易規劃和撰寫，而且對於閱覽者來說，她們也能夠立刻判斷「這個帳號值得我關注」，進而提高追蹤的可能性。

然後，在發文中以「嬌小女生特有的煩惱」、「解決這項煩惱的方法」來引起共鳴，只要使用者有個子嬌小的家人或朋友，就會透過口耳相傳的方式告訴其他人：「這個帳號真的超實用，妳們一定要看看。」重點在於，要完全站在使用者的角度，想像目標使用者希望獲得的資訊，並實際反映在發布的內容中。

★ 完全從使用者的角度出發，以免看起來像廣告

商業帳號通常會單方面地介紹產品的優點。雖然可以理解其「想好好宣傳公司成員努力做出來的商品」的心情，但這樣的發文只是單向輸出。宣傳色彩反而因此變得更強烈，導致使用者立刻感受到「這是企業

廣告」而跳過這則發文。

當自己站在使用者的立場，瀏覽其他服務帳號的發文時，同樣會略過帶有強烈宣傳色彩的內容，然而一旦自己成為發訊者，不知不覺間就會變成單方面在發布訊息，這是「經營商業帳號經常有的事」。在社群網站發文之前，請暫時停下腳步，完全站在使用者的角度試著想想看：「這個資訊能否引起共鳴？」、「這對使用者來說有價值嗎？」

★ 把Instagram直播應用在商品企劃上

因為善用Instagram而成長茁壯的COHINA，還有一個特別值得留意的地方。那就是積極地運用Instagram的直播功能，頻繁地舉辦直播活動。

COHINA的帳號一年365天，每天都會進行一個小時的Instagram直播。以商業帳號來說，要持續不斷地做同一件事並不容易。每週進行一次15分鐘的Instagram直播已經很辛苦了，可是COHINA每天都會進行一個小時的直播。如此頻繁地進行Instagram直播的商業帳號實在並不多見。

COHINA的Instagram直播不僅有新商品的介紹，還會舉辦「妳想要什麼樣的商品」的商品企劃，COHINA會透過直播，把商品企劃變成與顧客一起動腦發想的機會。

就像這樣，藉由讓使用者參與商品設計，不只能確實滿足對方的需求，還能製作出「反映使用者意見的商品」，這樣應該會讓使用者特別湧出購買的欲望吧。

★ 許多公司對於使用直播功能的態度消極

　　像這樣與使用者直接溝通是很重要的一點，尤其在Instagram上更是如此。然而現況是仍然有很多企業對於直播功能的應用抱持消極的態度。理由則是五花八門，例如沒有人可以上鏡頭直播、撰寫企劃或腳本需要花費時間、如果吸引不到觀眾進來看直播怎麼辦等等的不安。

　　的確，比起一般發發照片或貼文，直播確實需要人力去執行，但反過來說，如果像COHINA這樣養成每天直播的習慣，就可以將直播流程公式化，而且還可能會愈做愈上手。

　　假如公司內部沒有員工願意擔任直播主的話，從Instagram上招募願意上鏡頭的人才或許也不錯。要是對方是實際使用公司商品或服務的使用者，那麼與其讓公司內部員工上鏡頭直播，還不如以使用者的角度（或者可說是使用者本人）進行一場真實的直播，這種讓使用者直接參與企劃的做法，也是COHINA與其他公司的差異所在。

　　截至2022年3月，COHINA已經有大約24萬名粉絲。請各位務必參考COHINA的成功案例，並將值得學習的部分靈活運用在社群帳號的經營上。

★ 成功在社群平台上爆紅的服務實例②RECRUIT

　　在眾多社群平台之中，Twitter可說是傳播力最高，最容易因快速擴散而「爆紅」的社群平台。「RECRUIT」的**「倒放挑戰」**，就是在Twitter上成功爆紅的活動實例之一。

　　RECRUIT請來一對知名網紅情侶拍攝影片，透過將原始影片倒轉播放的方式，製作出有如魔法般的效果，並一連發布了好幾段影片。此外，RECRUIT還在影片中插入拍攝花絮，**同時附上「＃倒放挑戰」的**

主題標籤，藉此引導使用者跟風模仿，輕鬆地參與活動。

這樣一來，便有意識地打造出前文所述的「迷因化」，讓觀看影片的使用者產生「看起來很有趣」、「我也來試試看」的念頭，並藉由連鎖反應迅速擴散。

★ 聘請傳播力強的網紅

另外，這個企劃還有一個關鍵是，針對目標受眾選用具有影響力的網紅。如此一來，就能將資訊直接傳達給目標受眾，並加快資訊傳播的速度。

在網紅行銷策略中，有愈來愈多方法可以請網紅來宣傳產品或服務本身。不過老實說，光靠這樣，不論發再多貼文，這些訊息都近似於企業單方面發布的資訊，只在瞬間有效力，無法產生足夠的效果。

不過**像這個案例一樣，藉由採取「讓使用者參與其中」的方式，就不會讓訊息帶有宣傳色彩，同時網紅本身也能樂在其中，並自然地將資訊傳播出去**。「RECRUIT」的這項社群行銷策略，在2017年採取的社群行銷策略中，不管是觀看次數和瀏覽次數，似乎都創下了最高紀錄。

要想出這種能讓使用者覺得「有趣！」、「好想嘗試！」的企劃，並不是一件簡單的事。但是去思考「要是我的話就會這麼做」、「公司不同於業界，不知道能不能這麼做」等等，添加一些自己獨創的想法，或是透過截長補短的方式，挑戰讓這些成功案例進一步發展成不同的企劃，這樣說不定也很不錯。

★ 研究成功案例並試著模仿

　　除了這裡介紹的實例之外，社群網站上還有很多成功的例子。實際上，我們可以在社群網站中找到時下最新的案例，透過網路搜尋也可以發現許多專題報導。盡可能多多觀察和學習成功的案例，就算是一個也不要錯過，找出它們之間的共同點，並以自己的方式加以實踐。實踐之後不要放任不管，一定要結合實際數據，分析哪裡好、哪裡不好。同時要根據分析結果，思考接下來的策略。只要不斷重複這個流程，必定能切實感受到它所帶來的成果。

　　現在的廣告對使用者的效果已經不像以前那麼好了（很難傳達給使用者）。社群網站也有作為廣告媒體的一面，可以透過投放廣告的方式來傳播資訊，可是，**不花大筆廣告費用，而是藉助使用者的力量傳播訊息，正是社群網站獨有的特性，也是社群網站的優勢所在**。希望各位能參考本書的內容，善用各大社群網站，盡可能地發揮社群網站的優勢。

卷末附錄

219

後記（作者：門口妙子）

首先，感謝各位閱讀這本書到最後。

「最佳發文頻率是多長？」這個話題經常出現，本書的內容也有提到各社群網站適當的發文頻率和發文時機。不過，這裡介紹的只是適合「這個社群網站」的發文頻率，是不是「適合你」則另當別論。

舉例來說，我們在書中提到，Instagram的最佳發文頻率為1～3天一次。不過，假設你是以最精簡的人力經營咖啡店的老闆好了。早上開始備料，之後製作早餐和午餐，晚上營業到9點左右，打烊後則要處理會計等文書工作。等意識到的時候，一天就快結束了，完全沒時間更新社群網站……這樣的狀況應該也不少吧。

在這樣的狀態下，如果工作時一直想著「必須3天發一次貼文」，在社群平台上發文不知不覺就會變成一項義務，愈是去想「要盡量上傳吸睛的照片」就愈感到疲憊，結果最後就停止更新了……我見過許多陷入這種情況的案例。

經營社群網站的重點在於「持之以恆」。就算沒有按照最佳發文頻率發布貼文，或是沒有做到百分百完美，也要持續發文，這點很重要。

在配合社群網站的演算法之前，要先找到「讓自己在生活中盡可能感到輕鬆的模式」。我想，就算從一週一則貼文開始也無所謂，或是在週末一次撰寫好貼文，再用排程的方式發文也很不錯。

儘管自己覺得貼文的完成度只有70%，然而與其煩惱，不如直接發文，後續再觀察數據並將它運用在改善上，同時把那篇貼文存檔，這也

是一個很好的做法。

　　不要把發文當成義務，而是要一邊享受一邊進行，這是持續經營社群網站的訣竅。請在與追蹤者進行交流的同時，把自己看作是一般的使用者，享受經營社群網站的過程。

　　然後，要是各位可以把對這本書的感想或心得加上「＃社群時代最強行銷術」的標籤發文，我將感到無比欣喜。看到貼文時，我會為各位按讚留言的！

＊

　　當我們公司（ROC股份有限公司）的負責人坂本問我「要不要試著寫本書」的時候，我真的嚇了一大跳。當時我內心充滿了「怎麼會選我!?」的驚訝，以及「自己真的能做到嗎？」的不安。

　　不過以一個普通的上班族來說，這是十分難能可貴的機會，我當然要去嘗試。

　　雖然自己當下處於什麼都搞不清楚的狀態，但是以坂本為首，公司的大家和Pal出版社每次都會給我一些建議，最後總算得以順利完成此書，衷心感謝所有參與本書製作的人員。

　　在此獻上最誠摯的感謝！

ROC股份有限公司

社群行銷事業部總監　門口妙子

後記（監修：坂本翔）

感謝各位讀完本書。

從本書的整體架構來講，主要是希望大家不要只專注在單一的社群平台，而是盡可能廣泛地接觸更多的社群平台，藉此俯瞰現在的社群網路行銷，並得到經營社群平台的提示，知道自家公司需要什麼樣的社群網站，應該在適合的社群網站上發布什麼樣的內容等等。

在眾多社群網站多元林立的現代，我們既不可能「經營所有的社群平台」，也不可能「只經營一個自己喜歡的社群平台」。我們必須結合招攬顧客或招聘人才等目的，設定一個明確的目標，接著選出一個發文方式與自己提供的產品或服務相契合的社群平台，再發布符合這個社群平台的目標受眾所喜歡的內容。

在這樣的前提之下，本書想要傳達的是：身處於社群網站全盛的現代，傳統單向的行銷手法早已無法吸引消費者駐足停留。現在需要的是看得見對方存在，且能雙向互動的內容。

詳細內容在本書中也有介紹，我簡單整理了一下。

○透過各社群網站提供的直播功能，即時與使用者對話的內容
○Instagram限時動態的問卷調查與猜謎功能、Twitter的投票功能等等，以使用者回饋為前提的內容
○即使是一般的動態貼文，也會刻意安排吐槽點並留白，等待使用者吐槽後內容才得以完整
○因為上述這些內容而產生的留言，以及回覆私訊所產生的對話

諸如此類，不要只是單方面地以自己方便的方式發表貼文，而是要發布一些沒有使用者與追蹤者瀏覽就無法成立的內容，藉由對方的回饋來完成內容，在現代社群行銷上，抱持這樣的想法是很重要的。因為回覆貼文下面的留言而產生的溝通對話，也是非常精彩的內容。

*

我以「坂本翔」個人的身分出過了不少書，不過以「ROC股份有限公司的執行長」身分出書，這是第一次。我也曾經有過一個夢想，那就是和公司員工合力出版一本冠上自家公司名義的書。

這樣的目標之所以能夠實現，都是多虧自公司成立以來，一直將社群行銷領域的工作託付給我們的那些客戶，還有本書作者，同時也是敝公司員工的門口妙子等大家的協助。

最後我想在「後記」裡表達的是，真誠地希望這本書可以成為一本讓我們的客戶和員工都引以為傲的書，可以讓他們自豪地說「我曾委託出版這本書的公司進行社群行銷」，或是「我正在出版這本書的公司工作」。

非常感謝各位讀者，以及參與本書製作的每一個人！

ROC股份有限公司

執行長　坂本翔

門口妙子

ROC股份有限公司社群行銷事業部總監。

大學畢業後在東京都內的親子館工作，這份工作除了接待孩童和家長外，還要處理許多設計相關事務，例如製作活動傳單與館內設施介紹手冊等文宣品，從而培養出設計技能。小孩總是能毫不費力地適應日新月異的科技，在與這些孩子接觸的過程中，切身體會到網路與社群網站等媒體素養教育的重要性，於是轉換跑道，投入網路社群事業。在經歷過自由工作者的生活後，從社群行銷服務公司習得豐富經驗，以Instagram為主，從帳號規劃與設定到創意廣告設計、平台營運等皆得心應手。之後，因接觸到執行長坂本翔的著作與參與研討會，以此為契機加入ROC股份有限公司擔任社群行銷總監，負責為各式各樣的客戶經營社群平台。

Instagram：@taecostagram、Twitter：@roctaaaaachan

坂本翔

ROC股份有限公司執行長。

曾主辦以經營者為對象的音樂活動，透過社群網站不花半毛錢便吸引逾1100人參加。23歲創業，成為日本兵庫縣內最年輕的行政書士，同時以上述實績為契機，創立社群顧問事業。25歲獲得商業出版機會，其著作均授權海外，日本國內外累計發行超過12萬冊。每年舉辦50場以上的演講，包括推廣社群行銷的研討會、企業內部的社群經營培訓，以及以學生為對象的創業講座等等。其著作與監修的書籍包括《想瞭解社群行銷就看這本》（暫譯，寶島社），中文譯作則有《Facebook社群經營致富術》、《Instagram社群經營致富術》、《超高效自主學習法》（以上皆台灣東販出版）等。

Instagram：@genxsho、Twitter：@genxsho

SNS MARKETING TAIZEN

© TAEKO KADOGUCHI 2022

Originally published in Japan in 2022 by Pal Publishing Co., TOKYO.

Traditional Chinese translation rights arranged with Pal Publishing Co., TOKYO, through TOHAN CORPORATION, TOKYO.

社群時代最強行銷術
提高觸及率×強化粉絲互動×精準傳遞品牌，
低成本高獲利的6大社群經營密技

2022年12月1日初版第一刷發行

作　　者　門口妙子
監 修 者　坂本翔
譯　　者　劉宸瑀、高詹燦
主　　編　陳正芳
特約美編　鄭佳容
發 行 人　若森稔雄
發 行 所　台灣東販股份有限公司
　　　　　＜地址＞台北市南京東路4段130號2F-1
　　　　　＜電話＞(02)2577-8878
　　　　　＜傳真＞(02)2577-8896
　　　　　＜網址＞http://www.tohan.com.tw
郵撥帳號　1405049-4
法律顧問　蕭雄淋律師
總 經 銷　聯合發行股份有限公司
　　　　　＜電話＞(02)2917-8022

國家圖書館出版品預行編目(CIP)資料

社群時代最強行銷術：提高觸及率×強化粉絲
互動×精準傳遞品牌，低成本高獲利的6大社
群經營密技 / 門口妙子著；劉宸瑀, 高詹燦
譯. -- 初版. -- 臺北市：
臺灣東販股份有限公司, 2022.12
224面；14.8×21公分
ISBN 978-626-329-608-4 (平裝)

1.CST: 網路行銷 2.CST: 網路社群

496　　　　　　　　　　111017738